러더퍼드와 원자의 본질

러더퍼드와 원자의 본질

-
초판 1쇄 1976년 4월 25일
개정 1쇄 2022년 3월 8일

-
지 은 이 에드워드 안드레이드
옮 긴 이 안운선
발 행 인 손영일
편 집 손동민
디 자 인 이보람

-
펴낸 곳 전파과학사
출판등록 1956. 7. 23 제 10-89호
주 소 서울시 서대문구 증가로18, 204호
전 화 02-333-8877(8855)
팩 스 02-334-8092
이 메 일 chonpa2@hanmail.net
홈페이지 www.s-wave.co.kr
공식 블로그 http://blog.naver.com/siencia

ISBN 978-89-7044-717-9(03420)
값 15,000원

러더퍼드와 원자의 본질

에드워드 안드레이드 지음 | 안운선 옮김

전파과학사

Ernest Rutherford

PSSC의 과학연구총서

The Science Study Series

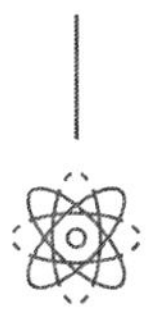

《과학연구총서》는 학생들과 일반 대중에게 소립자에서부터 전 우주에 이르기까지 과학에서도 가장 활발하고 기본적인 문제들에 관한 고명한 저자들의 저술을 제공한다. 이 총서 가운데 어떤 것은 인간 세계에서 과학의 역할, 인간이 만든 기술과 문명을 논하고 있고, 다른 것은 전기적인 성격을 띠고 있어 위대한 발견자들과 그들의 발견에 관한 재미있는 이야기들을 써 놓고 있다. 모든 저자는, 그들이 논하는 분야의 전문가인 동시에 전문적인 지식과 견해를 재미있게 전달할 수 있는 능력의 소유자이기 때문에 선택된 것이다. 이 총서의 일반적인 목적은 어린 학생이나 일반인이 이해할 수 있는 범위 안에서 개관을 제공하는 것이다. 바라건대 이 가운데 많은 책들이 독자로 하여금 자연 현상에 관한 자신의 연구를 하도록 만들어 주었으면 한다.

이 총서는 이제 모든 과학과 그 응용 분야의 문제들을 다루고 있지만, 원래는 고등학교의 물리 교육 과정을 개편하기 위한 계획으로서 시작되었다.

1959년 매사추세츠 공과대학(MIT)에 물리학자, 고등학교 교사, 신문 · 잡지 기자, 실험기구 고안가, 영화 제작자, 기타 전문가들이 모여 물리과학교육연구위원회(Physical Science Study Committee, 약정 PSSC)를 조직했는데, 현재는 매사추세츠주 워터 타운에 있는 교육 서비스사(Educational Services Incorporated, 현재는 Education Development Center, EDC)의 일부로 운영되고 있다. 그들은 물리학을 배우는 데 쓸 보조 자료를 고안하고 제작하기 위해 그들의 지식과 경험을 합쳤다. 처음부터 그들의 노력은 국립과학재단(National Science Foundation, NSF)의 후원을 받았는데, 이 사업에 대한 원조는 지금도 계속되고 있다. 포드 재단, 교육진흥기금, 앨프리드 P. 슬론 재단도 후원을 해 주었다. 이 위원회는 교과서, 광범위한 영화 시리즈, 실험 지침서, 특별히 고안된 실험 기구, 그리고 교사용 자료집을 만들었다.

이 총서를 이끌어가는 편집 위원회는 다음의 인사들로 구성되어 있다.

머리말

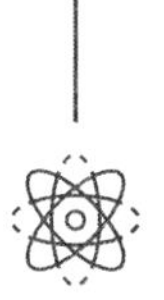

킹즈베리 씨로부터 현대 원자 물리학의 개척자인 어니스트 러더퍼드의 짧은 전기를 써달라는 청탁을 승낙한 덕분에 나는 큰 기쁨을 느낄 수 있었다. 맨체스터에서 위인 러더퍼드가 그의 연구원들과 합심해서 일하던 때를 회상하다 보니 세월 따라 어쩔 수 없이 지나가 버린 나의 과거가 머리에 떠올랐다. 러더퍼드가 연구를 시작한 지난 세기말을 생각하면 마치 사라진 시대를 되새기는 느낌이 든다. 그때와 지금과는 격세지감이 들 정도로 그동안 많은 변화가 일어났으며, 아마 벤자민 프랭클린이 그때 다시 태어났다 하더라도 그때 사람이 오늘날 다시 태어난 것처럼 놀라거나 신기하게 여기지는 않았을 것이다. 아직 기억에 생생하면서도 이상할 정도로 아득하게 멀리 느껴지는 지난날을 더듬으면서, 과학이 오늘날처럼 전문화되지 않았던 옛날에 어떤 환경 아래에서 발견들이 이루어졌는가를 민감한 청소년들에게 소개하고, 아울러 한 위인의 한창때의 화려했던 활동을 쓰다 보니 대단히 즐겁지 않을 수 없었다.

제1차 세계 대전 후부터 사정이 많이 달라졌지만, 바로 이 무렵부터 러더퍼드와 그의 협력자들은 원자 물리학에서 중요한 자리를 차지하고 있는 원자핵 구조를 연구하기 시작했다. 나는 이 시대에 이루어진 몇 가지 발견의 감격을 조금이라도 전해 보려고 노력했다.

한 가지 매우 유감스러운 것은 1941년 나의 연구실이 독일 공군의 런던 폭격으로 파괴되어 러더퍼드로부터 받은 편지의 대부분을 잃었다는 것이다. 이 편지들 속에는 발견했을 때의 감격을 담은 것이 있었는데, 그것은 정말 독특한 것이었다. 대신 이미 발표된 그의 편지를 많이 인용했는데 그것을 읽으면 새삼 그와 이야기하는 것 같은 기분이 든다.

머리말에서 뺄 수 없는 것은 많은 도움을 주신 분들께 사의를 표하는 일이다. 많은 편달과 조언을 해 주시고 또 사진까지 제공해 주신 에드워드 애플턴 경, P. M. S. 블래킷 교수, 존 코크로 프트 경, P. I. 디 교수, 노먼 페더 교수 그리고 네빌 모트 경에게는 특히 많은 신세를 졌다. 이들은 모두 러더퍼드의 연구실에서 일했던 분들로서 그를 잘 알고 있다. J. J. 톰슨의 자제인 조지 톰슨 경은 캐번디시 연구소와 관련된 문제를 많이 도와주셨고, 또 러더퍼드의 가까운 벗이었던 프랭크 스미드 경은 친절하게도 나의 원고를 훑어본 다음 많은 조언까지 해 주셨다. 러더퍼드가 젊었을 시절의 미국 물리학계의 사정에 대해서는 버너드 코언 교수가 매우 친절하게 도와주셨다. 1851년에 있었던 박람회의 왕실위원회 간사였던 W. D. 스터취 씨는 이 위원회의 일로 많이 도와주셨다. 그리고 뉴질랜드 캔터베리 대학의 N. C. 필립 교수와 뉴질랜드 하원의 T. S. 카레투, G. L. 키

블 두 의원은 뉴질랜드에 관한 일을 자세히 가르쳐 주는 친절을 베풀어 주셨다. 캐빈디시 연구소의 C. G. 틸리 씨는 연구소의 사진과 기록 때문에 많은 수고를 해 주셨으며, 또 왕립연구소 도서관 사서인 K. D. 버논 씨는 귀한 서적들을 항상 잘 찾아내 주셨다. 이상의 많은 분들과 그리고 원고를 세밀히 읽고 유익한 조언을 많이 해 주신 교육 서비스 회사의 더스턴 씨에게 심심한 사의를 표하는 바이다.

에드워드 안드레이드

지은이에 대하여

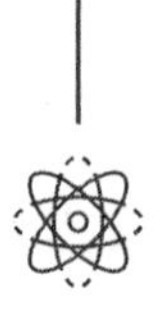

에드워드 네빌 다 코스터 안드레이드(Edward Neville da Costa Andrade)는 영국의 맨체스터 대학에서 〈퍼파〉(Papa) 러더퍼드 밑에서 연구했던 선택된 연구자의 한 사람이었다. 이 시대에 러더퍼드는 기껏해야 2, 3천 달러도 안 되는 빈약한 잡동사니 기계를 구사하여 원자 · 원자핵 시대의 기초가 된 여러 가지 실험 사실을 어떻게 통합, 이해하는가를 우리에게 보여 주었다. 이런 사정이었으므로 안드레이드 교수는 이 전기에 대해서 과학자적 이해, 투철한 역사가의 눈, 숙련된 작가적 명증성과 더불어 애정이 어린 개인적 회상의 꽃을 더할 수 있었다.

현재 런던 대학 임피리얼 이공대학 금속학과의 고급 연구원인 안드레이드 교수는 그의 전 연구 생활을 통해 서로 대립된다고 일컬어지고 있는 이른바 〈두 개의 문화〉(Two Cultures, 역자 주: 인문학과 자연과학)—이것은 근년에 와서 가끔 듣는 일이지만—의 어느 편에도 튼튼한 발판을 가지고 있었다. 물리학자들 사이에서 그는 금속의 크립 현상에 관한 기초적 연구, 특히 크립의 법칙, 액체의 점성에 관한 연구와 점성의 온도에 의한 변화의 법칙, 점성에 대한 전기장의 영향에 관한 몇 가지 발견 및 감마선의 파장에 관한 러더퍼드와의 공동 연구로 알려져 있다. 그의 폭넓은 재능의 일단을 보여 주는 것으로서 그는 아이작 뉴턴 경의 짧은 전기에서 간명한 서술로 대서양의 동서의 눈이 높은 독자를 탄복시키고 있다. 이 전기는 1954년에 출판되어 흔히 뉴턴과 뉴턴의 발견에 대한 가장 좋은 입문서로서 인용되고 있다. 왕립학회 뉴턴 서한 출판위원회의 위원장으로서 안드레이드가 이 위인을 가장 잘 알고 있는 한 사람인 것은 만인이 인정하는 바이다. 로버트 훅에 대해서도 마찬가지다. 그는 또 왕립학회 명예 도서관장이다. 그는 공감을 일으키는 타고난 자연과학 강연자로서 런던의 청취자에게 잘 알려져 있다. 또 제2차 세계 대전 중부터 전후에 걸쳐 영국방송협회(BBC) 고문단의 인기 있는 일원이었다. 그리고 1950년부터 52년 사이에 소장직을 맡고 있던 왕립연구소의 유명한 크리스마스 강연을 3회에 걸쳐 한 바 있다.

이상 안드레이드가 한 일에 대해 상당히 여러 방면으로 소개했으나 결코 그의 전모를 전하는 것은 못 된다. 그는 시인이며 또 그의 위트가—때로는 궤변적인 면도 있기는 하지만—영국 해협의 양쪽의 친구들에게 높이 평가되고 있는 명사이기도 하다. 그는 1924년에 시집을 냈고 다시 초기의 시의 일부를 또 한 번 1949년에 냈다. 또 어느 때에는 문학 잡지《런던 머큐리》(The London Mercury)에 음식과 술에 관한 칼럼을 집필하기도 했다. 그는 웰즈(H. G. Wells), 힐레어 벨록(Hilaire Belock), 월터드 라메어(Walter de la Mare) 등 저명한 작가들과 절친한 친구였다.

안드레이드는 포르투갈계 영국인의 후예로—선조가 나폴레옹 시대에 영국에 이주한—1887년 12월 24일 런던에서 태어났다. 11살에 세인트 던스턴 대학에 입학했으나 당시에는 드물게 교장이 자연과학에 흥미가 많았기 때문에 그는 거기서 실험에 관해 배웠다. 다시 런던의 유니버시티 대학의 우수한 교수들이 안드레이드의 물리학에 대한 호기심을 부채질했다—물론 반 마일 경기, 경량급 권투에는 이기지 못했지만 럭비, 크리켓 선수이기도 했다—그는 19살에 수석으로 물리학 전공 이학사의 학위를 땄다. 안드레이드는 프레드릭 트라우턴 교수의 권유로 물리학을 연구하여 22살에 오늘날 고전에 속하는 금속의 크립에 관한 법칙을 발표했다.

1910년 안드레이드는 장학금을 얻어 하이델베르히에서 유학하고 노벨상 수상자 필립 레나르트 밑에서 불꽃의 전기적 성질에 대해 연구했다. 여기서 최우수 성적으로 이학박사 학위를 얻고 케임브리지 대학 캐번디시 연구소에 1년, 유니버시티 대학에 다시 1년 머무른 뒤 맨체스터로 가서 러더퍼드와 합류했다. 이곳에서의 위대한 경험에 의해 그는 이 책을 쓰게 된 인연을 얻은 것이다. 제1차 세계 대전이 발발하자 안드레이드는 포병대에 들어가서 1915년 2월부터 2년 반 동안 프랑스 전선에서 격심한 전투를 몸소 겪었다. 그러나 칼을 차지 않았으므로 〈마상 경례〉 같은 영국에서의 군사 훈련의 솜씨를 보일 기회는 거의 없었다. 그래도 그는 대위까지 올라갔고 그 수훈으로 표창을 받았다.

전후 안드레이드는 울위취 포병학교, 즉 오늘의 육군과학대학의 물리학 교수가 되고 1928년 다시 유니버시티 대학에 돌아와 퀘인 물리학 교수(Quain Professor of Physics)가 되었다. 퀘인은 런던 대학의 수석 물리학 교수직의 칭호이다. 제2차 세계 대전 중에 그는 특히 군사보급성 연구 부장의 과학 고문으로 활약했다. 1950년 그는 퀘인 교수직을 물러나 왕립 연구소장이 되었고 몇 년 후에 임피리얼 이공대학의 연구원이 되었다.

안드레이드 교수의 주요 저서는
『원자의 구조』, 1923(G. 벨: 하코트 브레이스)(역자 주: 앞은 영국, 뒤는 미국 출판사), 1927년 개정 3판 이래 중판. 상당 기간 이 문제에 관한 영어로 된 표준서.
『엔진』, 1928(G. 벨: 하코트 브레이스) 폴란드어로 번역. 여러 번 중판. 왕립 연구소에서의 크리스마스 강연 시리즈를 기초로 한 일반인 상대의 책.
『자연의 메커니즘』, 1930(G. 벨: 리핀캇) 프랑스, 이탈리아, 폴란드, 네덜란드, 덴마크, 스웨덴어 등으로 번역, 영어판도 여러 번 중판. 물질 구조와 방사선에 관한 현대적 견해를 간명히 해설.
『원자와 원자 에너지』, 1947(G. 벨) 원자 구조에서 원자 폭탄에 이르는 쉬운 해설서.
『물리학과 더불어 한 시간』. 1930(리핀캇).
『현대물리학 입문』, 1956(G. 벨: 더블데이). 1962년 3판. 이탈리아 및 네덜란드어로 번역.

『아이작 뉴턴 경』, 1954(콜린즈: 더블데이) 중판(역자 주: 한 국어로 번역. 고윤석 역, 『아이작 뉴턴』, 현대과학신서 3, 전파과학사, 1973)

『짧은 왕립학회사』, 1960(왕립학회), 학회 창립 300주년 기념으로 출판.

『시와 노래』, 1949(먹밀런)

긴 세월에 걸쳐 안드레이드 교수는 여러 가지 영예를 받았다. 1941년에는 런던 물리학회에서 거드리 강연(Guthrie Lecture), 토목공학연구소에서 제임스 포리스트 강연(James Forest Lec-ture), 1949년에는 왕립학회에서 윌킨즈 강연(Wilkins Lecture), 1957년에도 왕립학회에서 러더퍼드 기념 강연(Rutherford Memorial Lecture)을 했다. 그는 왕립학회의 평의원, 물리학회 회장을 지냈고, 홀웩상(Holweck Prize), 왕립학회 휴즈메달(Hughes Medal), 프랑스 금속학회 오즈몽 대상패(Grande Medaille Osmond)를 받았다. 그의 명성은 프랑스에서도 높고 레지옹 도뇌르(Légion d'honneur) 훈장을 받았으며 프랑스 물리학회의 명예 회원, 프랑스 학술원 과학 아카데미의 통신 회원이다.

잔 H. 더스턴

목차

제1장

러더퍼드가 젊었을 때의 과학계

원자를 변환시켜 에너지를 얻을 수 있게 됨으로써

번영의 앞날을 기약할 수도 있고 또 한편으로는 세계적 파멸을

초래할 수도 있는 이른바 원자 시대에 우리는 살고 있다.

Ernest Rutherford

불과 50여 년 전만 하더라도 행성에서의 생물의 존재 여부에 대해서와 마찬가지로 원자의 구조에 대한 문제는 간간이 다루는 억측거리에 불과했었다. 그러나 오늘날에는 수만의 세련된 일류 과학자들이 이 문제를 연구하게 되었으며 그 연구비도 50년 전 전 세계의 육해군 유지비보다 더 많아졌다. 이런 결과는 전부 러더퍼드 덕분인 것이다.

「1911년에 러더퍼드는 데모크리토스(Democritus, Demokritos, B.C. 470~380) 시대로부터 내려온 물질관을 크게 바꾸어 놓았다.」라고 위대한 천문학자 아서 에딩턴(Arthur Stanley Eddington, 1882~1944)은 말했다. 데모크리토스는 기원전 400년경에 살았던 철학자이다. 에딩턴의 이 말은 「모든 원자는 중심부를 이루는 하전체와 이 둘레를 돌고 있는 가벼운 하전체로 되어 있으며 원자핵이라고 부르는 중심부의 하전체는 대단히 작지만 질량은 그 원자의 질량과 거의 같다.」라는 러더퍼드의 이론을 지적한 것이다. 당시만 해도 이런 원자핵의 개념은 대부분의 사람들에게 환상적으로밖에 느껴지지 않았다. 그러나 오늘날에는 전 세계의 일류 연구소에서 이 믿을 수 없을 정도로 작은 원자핵의 구조를 연구하고 있다. 이 책이 목적하는 것 중 하나는 러더퍼드가 방사능에 관한 연구로부터 어떻게 이런 원자핵의 개념을 얻을 수밖에 없었으며, 원자의 구조 연구, 원자 변환의 연구, 그리고 원자 에너지에 관한 연구를 어떤 영감에 의해서 오늘날의 경이적인 발전을 예견할 수 있는 상태로까지 발전시켜 왔는가를 보여 주는 데 있다. 또 다른 목적은 말할 것도 없이 인간 러더퍼드를 묘사하고 그의 성품, 그의 연구 방법, 그의 재능 및 그의 영향력 등에 관해 어느 정도 소개하려는 데 있다. 그러나 그가 살던 시대의 여러 가지 사정이라든가 그가 일한 분야를 휩쓸고 있던 당시의 생각이나 신념, 특히 그가 자란 환경 등을 어느 정도 이해하지 않고서는 그가 이루어 놓은 업적의 독창성, 가치 그리고 특성 등을 이해하기는 어려울 것이다. 러더퍼드와 같이 오늘날과는 전혀 다른 환경에서 출발하여 마침내는 오늘날과 별 차이가 없을 정도로 비슷한 환경에서 인생을 마친 사람의 경우는 특히 더 그런 것이다.

∘ 1890년대의 세계

러더퍼드가 젊었을 때의 세계를 대강 훑어보자. 그는 1871년에 뉴질랜드에서 다음 장에서 소개하는 바와 같은 환경에서 태어났으며 24세가 되는 1895년에 처음으로 영국에 건너갔다. 당시에는 물론 자동차는 없었고 마차가 거리를 꽉 메우고 있었다. 두 바퀴의 크기가 같은 현대식 자전거가 겨우 선을 보였는데 이것을 〈안전〉자전거라고 불렀다. 그전에는 앞바퀴의 직경이 약 1.5m쯤 되고 뒷바퀴가 대단히 작은 자전거가 있었는데 이것을 〈보통〉자전거라고 불렀다. 자유 회전식 바퀴가 달린 자전거가 나온 것은 1894년이었고, 가변 기어는 아직 나오지 않았다. 말의 안장이나 마구를 파는 가게가 도처에 있었으며 비행기의 가능성은 미처 진지하게 생각해 보지도 못했었다. 라이트 형제[Wilbur(1867~1912)&Orville(1871~1948) Wright]가 획기적인 연구에 착수한 것은 1900년의 일이며 1908년에야 겨우 처녀비행을 했다. 교통에 관해서는 이 정도로만 말하겠지만 어쨌든 오늘날과는 다른 아주 한가한 시대였다.

일반 가정에 관해서 말하더라도 여느 집에는 전화가 없었다. 전화가 발명되고 그 제조가 가장 앞서 있던 미국에서도 1895년에는 200명 인구에 전화 한 대가 있을 정도였다.

개인집에는 냉장고도 없었다. 1895년 미국에서는 식품의 통조림 가공이 기계화되어 대량 생산을 하기 시작했지만 영국에서는 이 점에서도 후진이었다—물론 식품의 통조림 가공을 가지고 진보라고는 말할 수 없겠지만, 가정의 전등도 매우 드물었으며 필라멘트가 들어 있는 전구는 아직 발명되지 않았었다. 사실 이보다 훨씬 뒤인 1904년에 러더퍼드는 세인트루이스(St. Louis) 박람회에 관하여 모친에게 보낸 편지에서 「밤의 조명은 대단히 멋있었는데, 물론 전부가 전기 조명입니다.」라고 말할 정도였다. 도시의 가로등은 가스등이었다. 다음 장에서 이야기하겠지만, 몇m 정도의 짧은 거리에서는 전파로 신호를 보낼 수 있다는 것을 하인리히 헤르츠(Heinrich Hertz, 1857~94)가 증명하여 전파의 존재를 확인하는 큰 업적을 이루었지만 무선 전신은 아직도 모르고 있었다. 구글리엘모 마르코니(Guglielmo Marconi, 1874~1937)가 최초의 특허를 얻은 것은 겨우 1898년의 일이었다. 대담한 예언자들도 라디오나 텔레비전은 꿈도 꾸지 못했었다.

오락 분야의 과학에 관해서는 원통형의 레코드가 달린 대단히 조잡한 축음기가 토머스 에디슨(Thomas Alva Edison, 1847~1931)에 의해 발명되어 1890년대에는 많은 가정에 보급되어 있었으나 그 소리는 대단히 거칠고 귀에 거슬리는 것이었다. 1896년에 발간된 『19세기에 이루어진 발견과 발명』이라는 영문책을 보면 「축음기로 연설자의 말과 어조를 그대로 복창시키고 동시에 그 연설자의 연속적인 동작과 자세를 스크린 위에 순간 사진으로 함께 비추어 줌으로써 그가 죽은 후에도 그 연설과 모습을 생생하게 후세에 전할 수 있게 되는 것도 사실이기는 하다.」라는 구절이 있는데 이것으로 당시의 사정을 소상하게 짐작할 수 있을 것이다. 이 책에는 또한 〈활동사진관〉에 관한 간단한 설명이 실려 있다. 1894년에는 활동사진을 호기심 거리로 보는 〈활동사진관〉이 뉴욕에 개관되었다. 그러나 오락의 수단으로서 활동사진이 발전된 것은 이보다도 몇 년 뒤의 일이고 유명한 남녀 배우들이 등장하는 한 시간 이상짜리의 영화가 제작되기 시작한 것은 20세기에 들어오고 나서이다. 최초의 활동사진관 즉 〈5전짜리 극장〉(nickelodeon)은 1905년에야 열렸다.

∘ 연구소의 출현

이렇게 러더퍼드가 영국에 온 1895년은 전기학을 포함한 자연과학이 서민의 일상생활에 별로 이용되지 못한 낡은 문명의 시대가 끝나고 그 이용도가 해마다 커져가는 새로운 시대가 시작되는 해였다고 말할 수 있다.

과학 연구에 큰 영향을 미친 이 새로운 시대의 특징은 큰 산업 연구소와 정부 연구 기관이 생겨났다는 사실이다. 이런 연구소들은 오늘날에 와서는 대부분의 대학원 출신 물리학자들의 보람된 일자리가 되고 있다. 1890년대에는 물론 이런 연구소가 없었다. 응용 연구의 선진국이었던 독일에서조차도 인조 염료와 같은 화학 약품을 만드는 회사에서는 잘 설비된 연구실에 과학자들을 고용하고 있었지만 물리학 분야의 연구소는 거의 없었다. 미국에서도 벨 전화회사(Bell Telephone), 웨스팅하우스(Westinghouse)나 코닥(Kodak) 등과 같은 연구소는 아직 세워지지 않았었다. 그러나 오늘날에는 벨 전화회사의 연구소만 해도 연구에 종사하는 사람의 수가 러더퍼드가 젊었을 때 전 세계의 대학에서 물리학을 연구하던 사람, 즉 전 세계의 물리학 연구소에 있던 사람들의 수보다 훨씬 더 많다. 달러화의 구매력 저하를 감안하더라도 오늘날 이 연구소에서 쓰는 연구비는 전 세기말 전 세계의 물리학 연구비의 몇 배가 넘는다.

전자에 관한 연구로 1923년에 노벨상을 받은 미국의 위대한 물리학자 로버트 밀리컨(Robert Millikan, 1868~1953)은 그의 자서전에서 「1907년까지만 하더라도 뉴욕의 아메리칸 전화전신 회사(American Telephone and Telegraph)나 셰넥터디(Schenectady)에 있는 제너럴 일렉트릭 회사(General Electric)에서조차 연구의 첫걸음을 내딛지 못했을 정도였다.」라고 말하고 있다. 영국에서 러더퍼드가 케임브리지(Cambridge)에서 그의 초기 연구를 하던 시대와 더불어 그 후 한동안은 물리학 연구가 공업에 별다른 기여를 하지 못했으며 유망한 대학 출신의 물리학자가 산업계에서 일을 한다는 것은 생각할 수도 없는 일이었다. 케임브리지의 유명한 물리학자 J. J. 톰슨 경(Sir Joseph John Thomson, 1856~1940)은 젊은 러더퍼드를 키워낸 사람으로서 앞으로도 자주 이야기가 나오겠지만 당시에 관해서 「순수 물리학을 위해서나 산업에서 부딪치게 되는 문제를 해결해 줄 수 있는 연구 기관, 즉 오늘날의 국립물리학연구소(National Physical Laboratory) 같은 것이 없었다. 그리고 오늘날 볼 수 있는 것과 같은 육해공군의 중요 문제를 연구하는 연구소도 없었다.」라고 말했다. 또한 그는 큰 회사에서도 연구소를 가지고 있지 않았다는 사실을 지적하고 있다. 이런 큰 연구소들의 출현으로 모든 대학에서의 연구 전망이 크게 영향을 받았기 때문에 위에 말한 사실들은 러더퍼드의 청년기에 있어 중요한 일들이 아닐 수 없었다. 대학에 관해서 말하더라도 지난 세기말에는 영국에서 가장 좋은 대학 연구실의 사정이 오늘날의 물리학자들을 놀라게 할 정도로 원시적이었으며, 이것마저도 미국에 비하면 훨씬 좋은 편이었다고 밀리컨은 말하고 있다. 밀리컨은 「미국 대학에서는 1890년대 초에 와서 비로소 그들의 후진성을 인식하기 시작했으며 그 개선을 위해 활발한 노력을 하게 되었다.」라고 기술한 바 있다. 또한 미국 최초의 물리학 잡지인 〈피지컬 리뷰〉(Physical Revieww)가 1893년에 나오고 이보다 6년 뒤에 미국물리학회가 발족한 것을 지적하고 있다. 1894년 영국에는 물리학을 취급하는 정기 간행물이 여섯 가지쯤 있었으며 미국에는 네 가지가 있었으나 이 간행물들이 물리학만 취급했던 것은 아니다. 1934년에는 전 과학 분야에 걸쳐서 13,494종류의 정기 간행물이 나오게 되었으며 이 중 1,000종류 이상이 각 분야의 물리학을 다루었다.

러더퍼드가 처음으로 명성을 떨친 영국의 케임브리지에 있는 캐번디시 연구소(Cavendish Laboratory)는 1871년(이 해는 우연히도 러더퍼드가 탄생한 해이다)에 8,450파운드를 들여서 세워졌으며 초대 캐번디시 교수인 위대한 클럭 맥스웰(James Clerk Maxwell, 1831~79)이 개소 연설을 했다. 이보다 수 년 전에 맥스웰은 기체의 점성이 압력과 온도에 따라 어떻게 변하는가를 알아보는 기본 실험을 했는데 이것은 오늘날 모든 물리학도가 배우는 실험이다. 그는 이 실험을 자기 집의 다락방에서 했으며, 실험 장치의 온도를 높이기 위해 많은 석탄불과 솥에서 나오는 증기로 방 전체의 온도를 높였고 온도를 낮추기 위해서는 많은 얼음을 가지고 방 전체를 냉각시켰다. 당시에는 항온조(Thermostatically Controlled Enclosure)를 주문하는 일이 없었다. 우선 주문을 받는 곳이 없었던 것이다. 1896년에는 4,000파운드를 들여서 캐번디시 연구소를 확장했는데 이것은 대단히 큰 비용이라고 생각되었다. 확장된 건물 속에는 공작실, 학생 실험실 그리고 좀 옹색하지만 16명 정도가 연구할 수 있는 연구실이 있었다. 예컨대 바클러(Charles Glover Barkla, 1877~1944)는 수위가 기거하는 지하실에서 최초의 실험을 했으며 교수들만 자기 소유의 작은 방을 가지고 있었다.

이런 일들은 대수롭지 않게 들릴지 모르지만 캐번디시 연구소가 생기기 전에 비하면 대단한 진보라고 볼 수 있다. J. J. 톰슨의 기록에 의하면 맨체스터(Manchester) 대학의 오언즈 대학(Owens College)에서 1876년에 처음으로 연구를 시작했을 때는 강의하는 데 필요한 장치를 넣어두는 방을 가지고 물리학 연구실이라고 할 정도였다고 한다. 1896년에 X선에 관한 초기 실험을 한 포터(A. W. Porter)의 말에 의하면 런던의 유니버시티 대학(University College)에 있을 때 그는 학생들에게 방을 내주기 위해서 매주 실험 장치를 분해했다가 다시 조립하지 않으면 안 되었다고 한다.

이보다 조금 더 먼저의 사정은 더욱 나빴다고 한다. 진공관을 발명한 유명한 플레밍(John Ambrose Fleming, 1849~1945)은 그의 새로운 전기 기술의 개발로 그 분야에 명성이 높아졌으며 마침내 런던 유니버시티 대학의 초대 전기 공학 교수로 초빙되었다. 이 초빙에 응하고 나서 보니 실험 기구라고는 백묵과 칠판뿐이었다고 그는 회고록에서 말했다. 후에 그는 대학 당국으로부터 실험 장치를 사기 위한 돈 150파운드를 받고 조그만 실험용 방을 하나 쓸 수 있게 되었다고 한다. 당시의 빈약한 연구 시설에 관해서는 그 밖에도 많은 예를 들 수 있다.

∘ 초기의 실험 장치

실험하는 사람들의 실험 조건이라고 해서 더 나을 턱이 없었다. 일반적으로 자기 실험 장치는 자기 자신이 만들어야만 했다. 전자에 관한 초기 연구로 유명한 레나르트(Philipp Lenard, 1862~1947)는 높은 전압을 얻는 데 당시에 많이 쓰였던 유도 코일을 손수 만들었다고 나에게 말한 적이 있다. 이것을 만드는데 그는 여러 주일을 소비했다. 비활성 기체를 발견한 윌리엄 램지 경(Sir William Ramsay, 1852~1916)은 기체를 취급하는 장치의 대부분을 손수 만들었다.

그는 일류 유리 세공가였다. 실험 물리학의 개척자들은 대부분 공작 기술을 터득하고 있었다.

자기 자신의 실험 장치를 손수 만들게 된 이유는 첫째로 연구비가 턱없이 부족했고 둘째로는 기기 제조 업자가 대단히 부족했기 때문이었다. J. J. 톰슨이 1896년과 그 후 몇 년간의 사정에 관하여 기록한 바에 의하면 그의 연구실의 연구비는 연구실 자체에서 부담하지 않으면 안 되었다고 한다.

외부로부터 받을 수 있는 유일한 연구 보조비는 연액 4,000파운드의 정부 연구 자금에서 나오는 것이었는데 이 연구 자금은 왕립 학회(Royal Society)가 관리했으며 이것으로 모든 분야의 자연과학을 뒷받침해 주어야 했기 때문에 한 분야에 들어가는 돈은 얼마 되지 않았다. 연구소는 주로 학생의 수업료와 수험료로 운용되었으므로 돈의 여유가 얼마 없었다. 후에 레일리 경(Lord Rayleigh)이 된 스트러트(R. J. Strutt)는 당시를 회상하여, 신형의 방사능 측정용 검전기가 청구한 대로 5파운드의 가치가 있느냐 없느냐에 관해서 J. J. 톰슨과 의논할 정도였다고 했다. 어떤 연구생들은 검전기를 손수 만들었다.

어쨌든 물리학 기구의 제조 업자는 거의 알려져 있지 않았다. 영국의 베어드 앤드 태틀록(Baird & Tatlock) 회사가 런던에 설립된 것은 1894년이며, 미국의 생코 회사(Central Scientific Company of America, Cenco)는 1889년에 설립되었다. 그러나 이 두 회사는 규모가 작았으며 몇몇 산업 분야에서 정기적인 측정을 하는 데 쓰거나 자연과학을 가르치는 학교와 기타 시설에서 쓰는 간단한 기기들만 만들었다. 연구 목적의 특수한 기기는 주문을 맡더라도 수지가 맞지 않았다. 또 얼마 안 되는 돈을 지불하는 데도 옹색한 사람들이 약간의 주문을 했다고 해서 제조 기술이 향상될 수는 없었다.

1890년대에 발생한 새로운 물리학에 어떤 종류의 기기들이 필요했는가를 살펴보자. 러더퍼드도 이런 기기들을 써서 연구했다. 우선 당시에 높은 전압이라고 생각한 수십만 볼트의 전압을 발생시키는 유도 코일을 들 수 있는데 이것에 대해서는 앞에서도 이미 언급한 바 있다. 이 코일은 최초로 만든 사람의 이름을 따서 룸코르프[1] 코일(Ruhmkorff coil)이라고 흔히 불렀다. 이것은 곧은 철사 심지의 둘레에다 1차 코일이라고 부르는 굵은 피복선을 몇 층쯤 감고 다시 그 위에다 2차 코일이라고 부르는 가느다란 피복선을 수천 번 감아 놓은 것이다. 1차 코일에다 자동 단속(make-and-break)이 되는 전류를 흐르게 하면 2차 코일에 고전압이 유도된다. 1900년에 찍은 J. J. 톰슨의 사진(사진 4)을 보면 오른쪽에 이 코일이 나와 있고 J. J. 톰슨이 그 스위치를 누르고 있는 것이 보인다. 1898년의 과학 잡지에서는 「우리 선도적 기기 제작소에서 만든 유도 코일은 그 소유자가 대단히 소중하게 다루지 않을 수 없는데 이것은 마치 바이올린 연주자가 스트라디바리우스(Stradivarius)나 과르네리우스(Guamenus)와 같은 명기를 다룰 때와 같은 심정에서이다.」라는 글을 실었다. 이런 유도 코일은 금세기 초에 와서 모든 물리학 교과서에 소개되었으며 제1차 세계 대전이 일어난 1914년까지는 물리 실험실마다 이것을 갖추어 놓고 있었다. 전쟁 중에 전자관과 그의 용도가 알려지게 되어 약전기공학은 물론 물리학 연구실에도 큰 영향을 미쳤다. 새로운 정류기가 붙은 고전압기가 연구용의

1 역자 주: Heinrich Daniel Ruhmkorff, 1803~1877

고전압 전원으로 쓰이게 되었다. 그 전형적인 예로 전후에 영국 정부가 사들인 유도 코일의 신품값은 전쟁 전 값의 약 30분의 1밖에 안 되었다. 그렇게 유도 코일은 갑자기 그 모습을 감추고 말았다.

또 한 가지 널리 사용되었던 기기는 원통형 진공 펌프인데 이것은 프랜시스 혹스비(Francis Hauksbee, 1666~1713)가 약 200년 전에 발명한 것이다. 새로 발견된 X선을 취급한 출판물에 나온 1897년의 광고가 〈사진 2〉에 실려 있다. 이 사진에는 러더퍼드가 영국에서 처음 실험을 시작했을 즈음에 유행하던 특수한 형태의 펌프가 그려져 있다. 이 광고문에 나온 슈프랭겔[2] 펌프라든가 또는 이와 비슷한 형태의 퇴플러[3] 펌프가 널리 쓰였는데 이런 펌프는 수은이 담긴 구형 용기를 손으로 들어 올렸다 내렸다 해 주어야 한다. 이런 수은 펌프는 값도 싸고 당시에는 좋은 진공을 만들 수 있었다. 그러나 아침 한나절이 다 걸려야 진공을 얻을 수 있었으며 배기를 시키는 끝 단계에서 이 장치의 상부에 충격을 주지 않도록 세심한 주의를 주지 않으면 안 되었다.

전류를 얻는 데는 부지런히 돌봐야 하는 갈바니[4] 전지(Galvanic Cell)라든가 자주 충전을 해가면서 써야 하는 축전기가 이용되었다. 〈사진 3〉은 〈사진 2〉와 같은 간행물에서 얻은 것으로, X선 사진에 필요한 갈바니 전

2 역자 주: Hermann Johann Philipp Sprengel, 1834~1906

3 역자 주: August Joseph Ignaz Toepler, 1836~1912

4 역자 주: Luigi Galvani, 1737~1798

지와 유도 코일에 관한 소개가 있으며 러더퍼드가 사용했던 형태의 초기 X선관이 그려져 있다. 수백 볼트 정도의 전압을 얻는 데는 여러 개의 작은 축전지들을 결합해서 사용했다. 그것은 황산이 담긴 여러 개의 시험관에 U자형의 얇은 납판을 양다리 걸치기로 담가서 이 시험관들을 연결한 납축전지였으며 학생들은 그 사용 방법을 알고 있어야만 했다.

제1차 세계 대전 전에 한스 가이거(Hans Geiger, 1882~1945)가 러더퍼드의 연구실에 있을 때 러더퍼드와 함께 일을 했던 로빈슨(Harold R. Robinson)은 이런 축전지에 관해서 다음과 같이 썼다. 「나는 정전기장에서 α 알맹이의 진로가 굽히는 현상을 연구하기 위해 가이거로부터 작은 축전지를 받게 되었는데 이것을 내줄 때 가이거의 심각한 표정을 아직도 잊지 못하고 있다. 이 전지는 20개의 시험관형 납축전지 묶음 60개를 결합해 놓은 것으로 2,400볼트의 축전지였다. 여기에 쓰인 시험관은 아주 깨지기 쉽고 전지 전체가 퍽 엉성했다. 가이거는 이 전지를 내주면서 몇 마디의 설교를 했다. 즉 콘크리트 바닥에 선 채로 이 전지의 도선을 만지지 말아야 하고 이 전지를 조절할 때는 항상 마른 나무판자 위에 올라서야 하며 전지는 한 손으로만 만지고 다른 손은 뒷짐지고 서서 몸을 통해 전기 회로가 이루어지는 일이 없도록 조심하지 않으면 안 된다는 내용이었다. 그리고 내가 미처 놀라움이나 사의를 표시할 여유도 주지 않고 대단히 엄숙하게 정색을 하고 다음과 같이 말을 이었다. "알겠나? 만일 센 전기 충격을 받고 움찔할 때는 무슨 일을 저지르게 될지 정신없을 거야. 혹시 전지라도 깨지는 날이면 선생님께서 필경 언짢아하실 걸세."

이 정도면 당시의 상황을 상상할 수 있을 것이다.」 약한 전류는 갈바노미터로 측정했는데, 갈바노미터의 가동 코일이나 가동 자석에 붙은 작은 거울의 회전 각도를 기름 등불과 자를 가지고 읽었다. 이보다 더 약한 전류는 검전기나 전기계가 나타내는 누전량을 가지고 측정했다. 정밀한 전기계의 일종인 눈금이 달린 전기계는 제3장에서도 이야기하겠지만 러더퍼드가 그의 독창적인 실험을 하는 데 즐겨 썼다. 당시에 또 많이 쓰이던 것은 여러 가지 형태의 금박 검전기였는데 그 금박의 두께는 궐련지 두께의 약 300분의 1 정도밖에 안 되었으며 대단히 미소한 힘에 의해서도 이 금박이 쉽게 움직일 수 있다는 원리를 이용한 것이었다. 어떤 검전기는 두 조각의 금박을 절연된 금속봉에 매달아 서로 맞붙어 있게 하거나 거의 맞붙어 있게 해 놓은 것으로서 금속봉이 전기를 띠게 되면 두 금박이 같은 부호의 전기를 가지게 되어 서로 반발하게 되어 있다. 이 반발되는 정도를 눈금이 달린 낮은 배율의 현미경으로 측정하여 전기량을 알아냈다. 그렇게 정성적인 검전기가 정량적인 전기계로 되었다. 또 윌슨(Charles Thomson Rees Wilson, 1869~1959)이 고안한 것은 고정 금속판에 잇대서 한 조각의 금박을 매달아 놓은 것으로서, 금속판과 금박이 전하를 얻으면 금박이 밀려 나가게 되어 있다. 러더퍼드는 1906년에 「금박 검전기는 정확하고 믿을 만한 측정 기구임이 증명되었으며 방사능 연구에 많은 역할을 했다.」라고 쓴 바 있다.

물리학에 관한 중요한 발견이 어떤 환경 아래서 이루어졌는가를 이야기하기 위해서 과거의 간단한 실험실과 실험 기구 몇 가지에 대해 지난 세기말까지의 이야기를 해 보았다. 지금 와서 돌이켜 보면 참으로 원시적인 사정이었지만 천재적인 사람들은 조금도 굴하지 않고 물리학을 오늘날과 같은 경지에까지 개척해 놓았다는 사실을 우리는 잊지 말아야 할 것이다. 러더퍼드가 관계한 분야에서 지난 세기까지 이루어진 큰 발견을 몇 가지만 추려보자. 우선 데이비(Humphry Davy, 1778~1829)는 전기 화학의 기초를 확립해 놓았으며, 마이클 패러데이(Michael Faraday, 1791~1867)는 전자기 유도 현상을 발견했다. 헤르츠는 무선 전파의 존재를 증명했고, 또 빌헬름 콘라트 뢴트겐(Wilhelm Konrad Rötgen, 1845~1923)은 X선을 발견했다. 그뿐만 아니라 J. J. 톰슨과 그의 연구원들은 오늘날 모든 학교 실험실에서 쓰는 것보다도 못한 극히 간단한 기구를 만들어서 전자의 존재와 그 성질을 알아냈다. 란체스터(Frederick William Lanchester, 1868~1946)는 현대 자동차 설계의 터전을 이루어 놓은 대발명가였으며, 비행기 날개의 공기 역학을 처음으로 설명한 사람이기도 하다. 하루는 노선배라는 대접으로 새로 차린 훌륭한 연구소에 안내를 받고 「기구는 많지만 두뇌는 부족하군.」이라고 말했는데, 이것은 틀림없이 위에 열거한 발견들을 염두에 두고 한 말일 것이다.

위대한 실험가의 재능을 평가하고 또 그의 발견이 얼마나 훌륭하고 독창적이었던가를 올바르게 이해하려면 어떤 환경에서 이러한 일들을 했는가를 소상하게 알아야만 할 것이다. 당시의 사정을 자세히 이야기한 것도 바로 이런 이유에서이다. 그가 연구하던 시대의 사고방식과 이론 또한 이해하고 있어야 함은 물론이지만 여기에 관해서는 러더퍼드의 위대한 발견에 관해서 이야기할 때 언급하기로 하겠다. 다만 이 장에서는 러더퍼드가 미지의 세계로 향하는 대여행의 첫발을 내디뎠던 당시의 국내 과학계, 대학 및 연구소 등이 어떤 형편에 있었는가를 대체로 소개하는 데 그쳤다.

제2장

뉴질랜드 시절

뉴질랜드(New Zealand)는 남태평양에 가로놓인 군도이며,

1871년에는 백인의 인구가 약 25만 명으로

현재 인구의 약 10분의 1 정도였다.

Ernest Rutherford

러더퍼드는 그해 8월 30일에 네 번째 아이로 태어났으며 형제가 12명이나 되어 대가족을 이루었다. 그런데 이 12형제 중에 아홉 명만이 살아남았다. 그는 소박한 시골의 작은 집에서 태어났으며 후에 큰 집으로 이사를 했지만 생활방식은 여전히 검소했다. 러더퍼드의 아버지는 농부였으나 손재주가 좋아서 발전해가는 마을에서 필요로 하는 섬세한 수공품들을 이웃에서 부탁하는 대로 언제나 즐겨 만들어 주었다. 예를 들면 어떤 때는 그의 아버지의 직업이었던 수레바퀴 목수 노릇도 했다. 후에 그는 방적 공장과 밧줄 공장(지붕을 덮는 길쭉한 밧줄 공장)을 세웠는데 제법 번성했다. 러더퍼드가 어렸을 때 살던 집에서 가장 가까운 도시는 넬슨(Nelson)이었다. 이 도시의 이름은 영국의 위대한 제독의 이름을 딴 것으로, 당시의 인구는 약 5,500명이나 되었다. 이러한 사실들은 대수롭지 않은 이야기처럼 생각될지도 모르지만 러퍼더드의 생애에서는 중요한 일들이었다. 그가 성인으로 자라기까지의 간소한 환경은 그의 성격 형성에 많은 영향을 미쳤다. 그는 평생을 극히 단순한 인간으로 마쳤을 뿐만 아니라 단순한 사람, 단순한 방법, 단순한 생활을 좋아했다. 위대한 물리학자 닐스 보어(Niels Bohr, 1885~1962)는 1932년에 러퍼더드를 축하하는 연회석상에서 「이처럼 정력적이고 다재다능한 인간을 묘사할 수 있는 한마디의 말이 있다면 그것은 분명히 〈단순〉이라는 말일 것이다.」라고 말하고 이어서 이 단순이라는 말에 대한 설명을 해 나갔다. 러더퍼드도 회갑을 맞는 해인 1931년에 행한 연설에서 「나는 항상 단순한 것을 좋아하며 나 자신도 단순한 사람이다.」라고 말한 바 있다. 그는 평생토록 고향에 애착을 가지고 있었다. 1931년 남작에 봉해졌을 때 그는 〈넬슨의 러더퍼드 경〉(Lord Rutherford of Nelson)이라는 칭호를 가지기로 했다. 작위에는 받은 사람과 인연이 깊은 지방 이름을 붙이는 영예를 가질 수 있다. 그에게 고향을 사랑하는 마음이 없었다면 자기와 인연이 있는 좀 더 잘 알려진 곳, 예컨대 케임브리지와 같은 곳의 이름을 택할 수도 있었을 것이다. 영국의 대과학자 애드리언(Edgar Adrian 1889~1977)은 1955년 남작에 봉해졌을 때 케임브리지의 애드리언 경이라는 칭호를 당연히 선택했던 것이다.

∘ 학업

러더퍼드가 학교에 들어간 것은 넬슨에서였으며 그곳에서 초등학교를 마치고 16살에 넬슨 대학(Nelson College)에 들어갔는데 이 학교는 영국의 사립 학교(Public School)이지만 미국의 사립 중학교(Private Secondary School)에 해당한다. 그는 명석한 머리를 가진 활발한 소년이었으며, 뉴턴(Isaac Newton, 1642~1727)과 마찬가지로 모형들, 특히 수차 같은 것을 즐겨 만들었다. 또 틈만 나면 새집도 찾아 털고 낚시질도 했다. 다방면의 책을 즐겨 읽었으며 옥외 경기도 눈에 띌 정도는 아니었지만 잘하는 축이었다. 또 뉴턴과는 달리, 그는 조숙한 천재는 아니었지만 전도가 유망한 소년이었으며 손재주가 뛰어났다.

넬슨 대학에서는 수학을 비롯한 많은 과목에서 상을 독차지했다. 그러나 물리나 화학과 같은 실험 과학은 당시에는 세계 어느 곳을 가더라도 별로 중요하지 않았으며, 따라서 이런 과목들의 성적은 기록에 남아 있지 않다. 넬슨 대학에서 3년을 보낸 후에 지방 대학의 역할을 하는 크라이스트처치(Christchurch) 시의 캔터베리 대학(Canterbury College)에 장학생으로 입학했다. 이 시는 넬슨 시보다 훨씬 컸으며 시내의 인구가 16,000명이었고 주변 교외에도 32,000명이 살고 있었다.

러더퍼드가 대학생이 된 1890년만 하더라도 캔터베리 대학은 7명의 교수와 150명의 학생을 가진 대단히 작은 대학이었다. 생활비는 매우 쌌으며 기록에 의하면 공부하기에 알맞은 조용한 방을 식사까지 포함해서 한 주에 1.5실링이면 빌릴 수 있었고 호화스러운 방이라 하더라도 1파운드면 충분했다. 오늘날 이 대학에는 200명 이상의 교수와 3,600명의 학생이 있다. 길이가 약 18m인 함석지붕의 건물이 물리학 및 화학 실험실이 었다. 특출한 교수는 비커턴(A. W. Bickerton) 교수였는데 그는 젊은 러더퍼드에게 많은 영향을 주었다. 러더퍼드가 학생일 때 그의 나이는 약 50이었으며 그의 공식 직함은 화학 및 물리학 교수였지만 천문학에 대단한 흥미를 가지고 있었다. 당시에는 혼자서도 두 과목을 필요한 표준 수준까지 쉽게 가르칠 수 있었다. 그는 당시에 벌써, 비록 관측이나 이론적인 근거는 제시하지 못했지만, 별은 두 우주 물질이 그가 여러 논문에서 장황하게 논의한 충돌 방식으로 충돌하여 생성되었다는 이론을 발표했다. 그의 추론을 기성 천문학자들에게 납득시키지는 못했지만, 그는 젊은 사람들에게 깊은 인상을 주는 정열적인 기인이었다. 러더퍼드는 항상 그에 대한 애정을 가지고 있었으며 20세기 초에 그가 영국을 방문했을 때는 정성을 다해서 그를 접대했다. 또 1929년에 그가 죽었을 때는 그에 대한 조문을 발표했는데 뉴질랜드에서 그의 업적에 대하여 「그의 인기 있는 설득력, 그의 정력, 그리고 다재다능은 젊은 세대로 하여금 과학에 대한 흥미를 가지게 하는데 크게 기여했다.」라고 언급했다. 비커턴은 말재주가 뛰어난 연구 창도자였으며 러더퍼드로 하여금 미지의 세계를 사색하게 하는 데 큰 기여를 했다. 하베시(Georg von Hevesy, 1885~1966)는 1913년 러더퍼드에게 보낸 편지에서 「당신의 옛 은사 비커턴은 재미있는 노인이며 어느 회합에서나 볼 수 있는 익살스러운 분이더군.」이라고 쓴 바 있다. 헤베시는 이어서 리밍턴(Leamington) 시의 시장이 우연히 그 도시의 역에서 비커턴을 만나 그를 당시 유명했던 올리버 로지(Oliver Lodge, 1851~1940) 경으로 착각하여 혹시 당신이 올리버 경이 아니냐고 물었을 때 즉석에서 "그처럼 유명하지는 않지만 보다 더 위대하오."라고 말하더라는 것을 이야기하고 그 정경을 잊을 수 없다고 써 보냈다. 또 한 분의 교수 쿡(C. H. H. Cook)은 젊은 러더퍼드에게 기초 수학을 가르쳐 주었는데 이것은 후일에 유용하게 사용되었다.

∘ 전자파에 관한 초기의 실험

1893년에 학위를 받은 다음 러더퍼드는 바람 구멍 투성이의 작은 지하실에서 실험을 시작했는데 이 방은 학생들이 모자나 상의를 걸어두는 데 쓰던 것으로 〈골〉방이라고 부르던 곳이었다. 그의 실험 제목은 빠른 교류 자기장에서 일어나는 철의 자화였다. 1890년에 발행된 『교류 변압기』(The Alternate Current Transformers)라는 플레밍의 책 속에서 러더퍼드는 교류 방전이 일어날 때 철의 자화에 관한 헤르츠의 실험에 대하여 설명해 놓은 것을 발견했다. 그 수년 전인 1887년과 1888년에 헤르츠는 적당한 자기 유도(self-induction)에 전기 진동을 하는 콘덴서(condenser)를 불꽃 방전시키면 전자파(오늘날 라디오파로 잘 알려진)가 발생한다는 것을 알아냄으로써 전자파의 존재와 그 기본 성질을 확인했다. 헤르츠에 의한 전자파의 발견이 과학계에 큰 선풍을 일으켰던 것은 말할 필요도 없으며 젊은 러더퍼드로 하여금 급속한 교류 전자기장에 주목하게 했다. 플레밍의 회상록에 의하면 많은 사람들이 이러한 교류장에서의 철의 자기 성질을 연구했지만 그 결과가 저마다 달랐으며 결국 이 문제는 러더퍼드에게 넘어가서야 해결되었다.

그의 연구 결과는 1894년과 1895년에 『뉴질랜드 연구소 회보』(Transactions of the New Zealand Institute)에 두 편의 논문으로 발표되었다. 이 잡지는 〈동물학〉, 〈식물학〉, 〈지질학〉 및 〈기타〉의 네 부문으로 나누어져 있었는데 러더퍼드의 논문은 〈기타〉 부문에 실렸다.[5] 러더퍼드의 논문이 실린 두 권의 잡지에는 물리학에 관한 다른 한 편의 짧은 논문들이 각각 실려 있고 비커턴 교수의 「우주 불멸론—에너지 산일(dissipation)의 이론은 공간의 유한 영역에 국한됨을 증명하려는 시도」와 「우주 충돌의 원리

5 1895년에는 〈화학〉 부문이 첨가되었는데 여기에는 세 편의 겸손한 논문이 게재되어 있다.

와 현상」이라는 두 편의 논문이 실려 있다. 러더퍼드는 혼자서 연구를 했는데 학문적으로 외로운 처지였다. 또한 연구에 필요한 기기의 사정을 보더라도 모든 장치를 손수 만들어야 했을 뿐만 아니라 전원으로 쓰기 위한 그로브[6] 전지(Grove Cell)를 준비한 다음에 그날의 연구를 시작하지 않으면 안 되었다. 그로브 전지는 질산에 담근 백금판과 황산에 담근 아연판으로 되어 있으며 황산은 다공질 용기에 담아서 질산 속에 채워 놓는다. 러더퍼드의 말에 의하면 그로브 전지를 준비하는 일이란 바로 아연판을 깨끗이 닦은 다음에 아말감으로 만들고 필요한 산을 보충하는 일이었다고 하며, 이 전지는 내부 저항이 작아서 안정한 전류를 얻는 데는 상당히 편리했지만 여러 시간 계속해서 쓰면 소모되어 버리기 때문에 정밀한 연구에는 쓸 수 없었다고 한다. 그로브 전지가 무엇인지도 모르는 오늘날의 연구자들은 아무도 이것이 전류를 얻는 편리한 수단이라고는 생각하지 않을 것이다.

러더퍼드는 유도 코일이나 콘덴서와 이미 아는 자기 유도 계수를 가진 솔레노이드(Solenoid)가 직렬로 접속된 마찰 가전기로부터 방전을 일으켜 전기 진동을 일으켰다. 그는 처음 논문에서 확실하고 분명한 결과를 얻었는데 이것은 당시에는 상당히 중요한 뜻을 갖는 것이었다. 그는 진동수를 회로의 전기 용량과 자기 유도로부터 계산했는데 그 진동수가 매초 5억이 될 때까지는 철이 자성을 갖는다는 것을 증명했다. 그는 또 가느다란 철사의 경우 잔류 자기는 표면에서만 일어나는 현상이라는 것을 알아냈는

6 역자 주: Sir William Robert Grove, (1811~96)

데 이것은 표면층을 산으로 녹여냄으로써 증명할 수 있었다. 그는 또 이 방법을 이용하여 깊이에 따라 자화(Magnetization)가 어떻게 달라지는가도 측정할 수 있었다. 러더퍼드는 또 미리 세게 자화된 철사를 빠른 교류 자장에 작용시키면 자화가 약해진다는 것을 발견했으며 후에 이 성질을 이용해서 높은 감도의 전자파 검지기를 만들었다. 두 번째 논문에서는 자화력에 의해서 자화가 곧 일어나지 않는 문제를 취급했는데 이 현상을 자기적 점성(Magnetic Viscosity)이라고 명명했다. 이 연구를 하는 데는 10만 분의 1초까지 측정할 수 있는 장치를 고안해서 만들어 내야만 했다. 이 두 편의 논문은 뉴턴이 처음 내놓은 논문에 비하면 천재적인 작품이라고는 할 수 없을지 모르지만, 그가 얼마나 재치 있는 실험가인가를 보여 주었을 뿐만 아니라 또 다른 사람의 도움이나 남이 만든 장치에 의존하지 않고 손수 만든 장치로 문제를 해결할 수 있는 훌륭한 능력의 소유자라는 것을 보여 주었다.

러더퍼드는 1891년에 크라이스트처치에 창립된 과학협회(Science Society)에서 크게 활약했으며 1893년에는 협회의 간사가 되었다. 1894년에 협회에서 발행한 작은 책자 속에는 러더퍼드가 전자파에 흥미를 가지고 있으며 그 탐지 방법에 대한 연구를 서두르고 있다는 것이 다음과 같이 기록되어 있다. 「러더퍼드 씨는 전파와 전기 진동에 관한 논문을 읽었다. 이 논문에서 그는 진동 방전을 전반적으로 취급했으며 특히 헤르츠와 니콜라 테슬라(Nikola Tesla, 1856~1943)의 최근 연구와 이 연구가 맥스웰의 이론과 어떤 관계를 갖는가에 대해서 언급하고 있다. 이 논문은 러더퍼드가 페이지(Page)와 어스킨(Erskine)의 조력을 받고 한 실험들을 자세히 설명하고 있는데 이 중에서 가장 눈에 띄는 실험은 빠른 교류에 관한 테슬라의 실험을 소규모로 재현시킨 것이다.」 크로아티아(Croatia, 역자 주: 유고슬라비아 서북부 지방)에서 태어나 그곳에서 교육을 받은 테슬라는 젊어서 미국으로 이민을 갔으며, 1892년에는 특수한 변압기를 써서 매초 수백만 사이클의 초고주파 전류를 발생시켜 대단한 관심을 끌었다. 그는 위대한 발명가였으며 급속히 자라나는 전기 공업에서 상당한 재산을 모았다.

◦ 장학금과 영국에 갈 기회

러더퍼드가 장학금을 받고 영국으로 가게 된 1895년의 이야기를 해 보자. 이와 관련해서 빼놓을 수 없는 이야기는 빅토리아(Victoria, 1819~1901, 재위 1837~1901) 여왕의 부군인 앨버트 공(Prince Albert)이 후원하고 관리했던 1851년의 런던 대박람회(Great Exhibition)에 관한 것이다. 이 박람회는 구경꾼만 해도 600만 명을 넘었고 모든 면에서 대성공이었다. 박람회의 조직과 운영을 맡을 왕실위원회(Royal Commission)가 임명되었는데 이것은 지금까지도 존속하고 있으며 박람회에서 나오는 많은 이익금은 과학과 미술 교육의 진흥에 쓰게 하라는 지시를 받았다. 그 결과 거대한 과학 및 미술 박물관이 세워졌고 또 과학 · 미술 및 음악대학이 설립되었는데 이 두 기관은 아직도 박람회 개최지였던 런던의 하이드(Hyde) 공원 근처에 있는 사우스 켄싱턴(South Kensington)에서 번창하고 있다. 또 하나 중요한 결과는 유명한 1851년 박람회 기념 과학 장학금 제도의 설립이다. 이 장학금의 목적은 독창적인 연구 능력이 있다고 인정되는 학생에게 그 연구를 계속해 나가도록 해 주는 데 있다. 장학금은 보통 2년 동안, 경우에 따라서는 3년 동안 계속해서 주었는데 위원회가 지정하는 대학들에서 그 대상자를 추천했다. 이 장학금을 받은 사람은 자기를 추천한 대학 이외의 다른 연구 기관에서 연구를 해야만 했다. 경쟁이 심했던 이 장학금은 아직도 존속하고 있으며 영국 과학계 최고의 명사 중 몇 명이 이 장학금을 받았다. 이 중에는 왕립학회 회장을 지낸 러더퍼드와 대유기 화학자 로빈슨(Robert Robinson, 1886~1975) 두 사람을 비롯하여 8명의 노벨상 수상자가 포함되어 있다.

이 위원회는 장학금을 영국 본토에 거주하는 학생뿐만 아니라 해외 학생에게도 수여하기로 결정했기 때문에 2년마다 가장 유망한 뉴질랜드 학생이 전공 분야에 관계없이 이 장학금을 받아 가지고, 딴 지방에 가서 연구를 계속할 수 있었다. 1895년의 장학금은 당연히 화학자 J. C. 매클로린(J. C. Maclaurin)에게 수여되었는데 후에 그는 뉴질랜드 자치령 분석 학자의 칭호를 받은 바 있다. 그런데 그가 가정 형편으로 이 장학금을 사퇴했기 때문에 러더퍼드에게 돌아갔다. 그리하여 러더퍼드는 운 좋게 1895년 영국에 가게 되었다. 그러나 여비를 마련하느라고 약간의 빚을 졌다. 비커턴은 러더퍼드를 강력히 추천하여「러더퍼드 군은 풍부한 창의력의 소유자이고 해석학과 기하학에 조예가 깊으며 또한 전기 과학과 절대 측정법에 관한 가장 새로운 지식을 지니고 있다. 인간적인 면에서 러더퍼드 군은 대단히 친절하고 다른 학생들에게 봉사적이어서 그와 접촉한 사람이면 누구나 호의를 가지고 있다. 우리는 모두 충심으로 그가 뉴질랜드 에서처럼 영국에서도 성공하길 바라고 있다.」라는 내용의 추천서를 썼다. 이러한 소원은 후에 성취되었던 것이다.

제3장

케임브리지의 캐번디시 연구소

러더퍼드는 뉴질랜드를 떠나기 직전 물리와 화학의
공통 실험실로 쓰던 함석지붕 건물의 끝에서부터 다른 끝까지
헤르츠파(Hertzian wave)를 전송하는 데 성공했다.

Ernest Rutherford

그는 이 헤르츠파를 계속해서 연구하고 또 그가 발견한 소자 효과(Demagnetization effect)를 이용해서 이 파를 탐지하는 연구도 계속하려고 작정했다.

러더퍼드는 가능하면 유명한 J. J. 톰슨이 1884년에 28세의 젊은 나이로 소장직을 맡은 케임브리지의 캐번디시 연구소에서 일하려고 마음먹었다. J. J. 톰슨은 1893년에 『전기와 자기에 관한 최근의 연구』(Recent Researches in Electricity and Magnetism)라는 책을 저술했는데 이 책은 평이 상당히 좋았다. 이 책은 다른 사람들의 연구에 대한 해설과 자기 자신의 연구에 관한 해설로 되어 있다. 특히 이 책에는 「기체 속에서의 방전」이라는 긴 장이 있는데, 여기에 주로 소개된 그의 연구들은 물리학사에 기록된 후일의 그의 연구를 예견하게 하는 것들이다. 이 책에는 또 러더퍼드도 잘 알고 있었던 전자파에 관한 긴 장이 있었다. 캐번디시 연구소는 아직 불완전하기는 했지만 분명히 그런대로 영국에서 가장 좋은 연구소였다. J. J. 톰슨은 이미 유명한 실험, 특히 위에서 지적한 기체 중의 방전에 관한 연구를 하고 있었을 뿐만 아니라, 캘린더(Hugh L. Callendar, 1863~1930)가 금속의 전기 저항에 미치는 온도의 효과를 연구하고 있었다. 이 연구의 결과로 후에 온도 측정에 중요한 역할을 하게 된 유명한 백금 저항 온도계가 나오게 되었다. 그런데 캘린더는 1893년에 맥길(McGill) 대학의 물리학 교수가 되어 몬트리올(Montreal)로 갔으며, 1898년에는 러더퍼드가 그의 후임으로 가게 되었다. 그러나 캐번디시 연구소의 이름을 세상에 떨치게 한 연구들은 러더퍼드가 도착한 무렵부터 시작되려고 했다. J. J. 톰슨은 이미 물리학계에서 "J. J."로 그 이름이 널리 알려졌으며 이 책에서도 앞으로 자주 그렇게 부르고자 한다. 그는 1895년 9월 24일 런던에 와 있는 러더퍼드에게 입소를 환영하며 대학의 일원이 되어달라는 사연을 써 보냈다. 케임브리지 대학에서는 다른 대학의 졸업생도 〈연구생〉으로 받을 수 있다는 새 학칙이 채택된 직후였다. 연구생이 자기 자신의 연구로 된 만족할 만한 논문을 제출하면 케임브리지 학사의 칭호를 받을 수 있게 되었다. 이 규칙의 제정으로 1895년이라는 해는 이 연구소의 역사상 가장 중요한 해가 되었다고 톰슨은 말했다. 또 톰슨이 기록해 놓은 바에 의하면 다른 대학에서 온 연구생들은 학칙상의 여러 제한, 특히 출근 시간의 엄수 등 조치에 놀랐고 또 처음에는 화를 냈다고도 한다. 여기에 관련해서 생각나는 것은 사진 유제(Photographic Emulsion)의 연구로 유명한 셰퍼드(S. E. Sheppard) 이야기이다. 그는 그때 이미 파리(Paris)의 소르본(Sorbonne) 대학의 이학박사(Docteur es Sciences) 학위를 가지고 있었는데 1252년에 창립된 이 대학은 전 세계에 널리 알려진 최고 학부의 하나였던 것이다. 그러한 그가 밤 10시 반 이후에 외출을 하려면 전혀 이름도 없는 사람의 허가를 받아야만 했다. 1년 후에 그는 미국의 로체스터(Rochester)에 있는 이스트먼 코닥 연구소(Eastman Kodak research laboratory)로 갔으며 그곳에서 대단히 중요한 연구를 수행했다.

J. J. 톰슨이 이끄는 캐번디시 연구소는 다른 대학으로부터 많은 연구생을 끌어들였다. 1895년부터 1898년 사이에 그곳에서 연구에 종사했던 사람들 중 케임브리지 대학을 나온 사람은 반도 안 되었다. 새로운 학

칙에 의해서 캐번디시 연구소에 들어 온 외국인은 랑주뱅(Paul Langevin, 1872~1946)이라는 프랑스 사람이었다. 그는 후에 자기 이론에 관한 뛰어난 연구로 유명해졌다.

〈사진 4〉는 1900년에 찍은 J. J. 톰슨의 사진으로, 러더퍼드가 도착했을 무렵의 모습을 나타낸 것이다. 이 사진에 보이는 실험 장치는 러더퍼드가 케임브리지에서 연구생으로 있을 때 쓰던 것과 같은 종류의 것이다. 1장에서 이미 이야기한 룸코르프 코일이 오른쪽에 뚜렷하게 보인다. J. J. 톰슨 교수가 보고 있는 것은 당시의 전형적인 방전관이다. 유도 코일의 스위치를 누르는 손 바로 위에는 당시에 사용되던 X선관으로 여기에 대해서는 후에 설명하겠다. 왼쪽에 있는 전자석도 당시의 물리학 실험실 특유의 것이다.

∘ 전자파 연구의 계속

러더퍼드는 타운센드(John Sealy Townsend, 1868~1957)보다 불과 몇 분 차로 인해서 새 학칙의 혜택을 받은 첫 번째 연구생이 되었다. 그는 강하게 자화된 강철 바늘의 소자에 의해서 전자파를 탐지하는 뉴질랜드에서의 연구를 계속했다. 이 바늘은 도선으로 감겨 있으며 공중선(aerial)에 작용하는 전파에 의해서 생긴 진동 전류가 이 도선으로 흐르게 되어 있다. 자화의 세기 변화는 바늘 근처에 매달아 놓은 작은 자석의 회전도로 관측되었다. 이 회전도는 자석에다 작은 거울을 붙여 놓고 석유 등잔의 빛을 반사시켜서 측정했다. 당시에는 실험실에서 석유 등잔을 이러한 목적에 많이 이용했다. 얼마 안 가서 그는 캐번디시 연구소의 옥상에서 발전하는 파장 6~7m의 전자파를 친구 타운센드의 숙소에 차려 놓은 탐지기로 탐지해 냈다. 전파의 도달 거리는 약 반 마일이었다. 그리고 다시 조금 후에는 캐번디시의 전파 신호를 약 2마일 떨어진 대학 천문대에서 탐지해 냈다.

마르코니의 발명보다 훨씬 전인 당시만 하더라도 이것은 충분히 신기록이었던 것이다. 1896년 6월에는 「전파의 자기 탐지기와 그 몇 가지 응용」이라는 그의 논문이 왕립학회에 보고되었다. 이 논문은 케임브리지에서의 새로운 연구와 뉴질랜드에서의 연구를 실은 것으로 그다음 해에 《왕립학회 회보》(Philosophical Transactions of the Royal Society)에 발표되었다. 논문이 왕립학회에 보고되었을 때 러더퍼드는 그의 모친에게 「제 논문이 전문 삭제되지 않고 《왕립학회회보》에 실렸으면 합니다. 전문이 실리려면 그해의 최상급의 논문이 되어야 하는데 제 논문이 여기에 포함되길 바라고 있습니다.」라는 편지를 보냈다. 그는 또 1896년 가을에 있었던 영국과학진흥협회(British Association for the Advancement of Science)의 연회에 이 탐지기를 전시했다. 그는 점차 유명해져 갔다.

∘ 뢴트겐과 X선의 발견

1895년은 현대 물리학의 출발점으로 볼 수 있는 일들이 일어난 획기적인 해였다. 이러한 일들은 러더퍼드의 연구에도 큰 영향을 미쳤다. 사실 그는 후에 이것에 관하여 「대단히 중요한 발견들이 끊이지 않고 연달아 이루어져 물리학의 신기원을 이루었다.」라고 말한 바 있다. 그중에서도 뺄 수 없는 사실은 뷔르츠부르크(Würzburg)에서 연구 중이던 뢴트겐이 1895년 11월 8일에 X선을 발견한 일이다.

이 발견은 많은 연구자가 낮은 압력의 기체가 들어 있는 관 속에서의 방전에 관심을 가지게 된 결과의 소산이다. 이 분야의 연구가 많은 자극을 받은 원인은 1855년경에 가이슬러(Heinrich Geisler, 1814~79)가 수은 진공 펌프의 개량을 연구하기 시작한 이래로 많은 성과가 있었기 때문이다. 방전용 관 속에는 두 금속 전극이 있고 이 금속 전극은 관벽을 통하는 가는 도선으로 외부와 연결되어 있으며 여기에다 필요한 높은 전압을 작용하게 되어 있다. 음극을 캐소드(cathode), 양극을 애노드(anode)라고 불렀는데 이것은 그리스어의 위와 밑(cata) 그리고 길(hodos)에서 유래된 말들이다. 당시에는 전기가 양극으로부터 음극으로 흐른다고 생각했다.

방전관의 공기를 빼면서 1만 볼트 정도의 전위차를 주면 마침내 두터운 모피처럼 보이는 방전이 나타나기 시작한다. 더 많이 공기를 뽑아서 1만 분의 1기압 정도가 되면 유리벽에 밝은 녹색의 형광이 나타나게 되는데, 이것은 중간에 적당한 장애물을 놓으면 알게 되는 일이지만 음극으로부터 무엇인가가 흘러나오기 때문에 생기는 현상이다. 적당한 압력에서는 음극으로부터의 흐름 즉 음극선의 통로가 안개와 같은 모양의 희미한 빛으로 나타난다. 이 음극선은 많은 중요한 발견을 촉진시킨 것으로서 후에 다시 더 이야기하겠다. 탈륨(Tl) 원소를 발견한 크룩스(William Crookes, 1832~1919)는 진공 방전 연구에 대단히 열심이었다. 음극선을 발생시키는 진공관의 일종인 크룩스관은 그의 이름을 딴 것이다. 레나르트는 음극의 맞은편 유리벽에 대단히 얇은 알루미늄박을 창처럼 붙여 놓으면 음극선이 이 박을 통과해 나온 다음에 공기 속을 어느 정도 뚫고 나간다는 사실을 발견했다. 그 밖에도 많은 훌륭한 연구자들이 방전관의 이러한 이상한 현상을 연구하고 있었다.

뢴트겐은 방전관을 검은 종이로 싸서 실험했다. 그는 암실에서 방전 실험을 할 때 방전관 근처에 놓아둔 형광물질〔시안화 백금 바륨 $BaPt(CN)_4 \cdot 4H_2O$〕의 스크린이 방전을 하는 동안 밝게 빛나고 있음을 발견했다. 그는 이 스크린을 방전관에서 몇 피트 정도 떼어 놓더라도 같은 현상이 일어남을 알아냈다. 또 크룩스관이나 레나르트관의 어느 것을 쓰더라도 같은 결과임을 알았다. 뢴트겐은 이 새로운 방사선이 다음과 같은 성질을 가지고 있다는 것을 알아냈다. 즉 이 방사선은 나무, 금속, 근육 등의 불투명한 물질을 투과하며, 음극선이 관벽에 부딪쳐서 밝은 형광을 내는 곳으로부터 발생하고 사진 건판을 감광시키며 공기에 작용하여 하전체를 방전시킨다. 그는 곧 이 선이 외과에서 중요하리라는 것을 인식하고 첫 번째 논문에다 손뼈의 사진을 실어 발표했다.

재미있는 이야기지만 옥스퍼드(Oxford)에서 크룩스 방전관을 가지고 연구하던 물리학자 스미스(Frederick Smith)는 이미 방전관 근처의 서랍 속에 넣어 두었던 사진 건판이 뿌옇게 감광된다는 것을 발견했었다. 오늘날에 와서는 이것이 방전관에서 나온 X선 때문이라는 것을 다 알고 있지만, 그때 그는 조수에게 건판을 딴 곳에 보관하라고 분부만 하고 말았다.

그는 사진 건판이 뿌옇게 흐려지는 것에 별 흥미를 느끼지 않았으며 또 그의 연구 제목도 아니었다.

뢴트겐은 그의 발견을 곧 지방과학학회의 회지(Sitxungsberichte)에 「새로운 종류의 방사선에 관하여」(Über eine neue Art von Strahlen)라는 제목으로 발표했다. 이 논문의 사본이 1896년 초에 영국에 건너갔으며, 그리하여 이 발견이 세상에 널리 알려지게 되었다. 그해 1월 23일에는 논문의 영역문이 영국의 《네이처》(Nature)에 게재되었다. 이 발견은 과학계는 물론 일반 신문 잡지에서까지도 큰 선풍을 일으켰다. 산 사람의 손뼈가 보이고 살 속에 박힌 바늘, 파편 또는 총알 같은 것이 보인다는 것은 일반 대중의 상상력을 듬뿍 돋구어 놓았다. 당시 나는 어린 소년으로서 신은 사람이 어느 곳에 있건 다 볼 수 있다는 설교를 늘 들어왔지만 지하실이나 창이 없는 방 속에 있는 사람도 정말 볼 수 있을까 하는 의심을 마음 한 구석에 지니고 있었다. 그리고 불투명한 물체를 통과하는 빛이 있다면 그것이 사실일 것이라고 생각했던 일이 기억난다.

극히 당연한 이야기이지만 의사들은 이 새로운 방사선을 다투어 이용했는데 물론 여기서는 별 관심거리가 안 된다. 그러나 이 일은 뢴트겐의 성격과 그 방법을 나타내는 실화 한 토막을 회상하게 한다. 그는 50세에 X선을 발견했고 다른 문제에 관한 평생의 끈질긴 연구에서 항상 불확실한 가설을 끌어내지 않도록 매우 조심했으며 실험 사실에 충실했다. 그가 선풍적인 대발견을 한 직후인 1896년의 어느 날, 후에 X선을 이용해서 인체 내의 이물질(Foreign Bodies)을 찾아내는 연구로 유명해진 제임스 맥켄지 데이비드슨 경(Sir James Mackenzie Davidson)이 뢴트겐을 방문했다. 뢴트겐은 방전관의 스위치를 넣었을 때 시안화 백금 바륨의 스크린이 빛나는 것을 어떻게 보았는가에 대해서 그에게 설명했다. 제임스 경이 "어떻게 생각하셨습니까?"라고 물으니까 그는 그저 간단히 "아무 생각도 않고 그저 조사했습니다"라고 대답했다. 아마 이 말은 발견을 하는 데 아무런 생각도 할 필요가 없다는 뜻이 아니고 근거 없는 공론을 하는 것보다 뚜렷한 방침에 따라 실험을 하는 것이 더 바람직하다는 뜻이었을 것이다.

같은 해인 1896년에 앙리 베크렐(Henri Becquerel, 1852~1908)은 방사능을 발견했다. 즉 그는 검은 종이를 투과하며 사진 건판을 감광시키고 또 하전체를 방전시키는 방사선이 우라늄염에서 저절로 나온다는 것을 발견했다. 여기에 대해서는 뒤에 자세히 이야기하겠다. 케임브리지에서는 음극선관 속에서 일어나는 방전의 연구가 순조로워 그 이듬해에 전자를 발견할 수 있게 되었다. 가슴을 설레게 하는 시대였다.

∘ J. J. 톰슨과의 공동 연구

물리학에서 중요한 일이 무엇인가를 잘 알고 있던 러더퍼드가 근본적으로 새로운 것이 더 이상 나오지 않을 헤르츠파의 연구를 포기하고, J. J.가 제의한 놀라운 새 방사선 효과의 공동 연구로 전향한 것은 조금도 놀라운 일이 아니다.

그들이 채택한 문제는 기체의 전도성에 미치는 X선의 효과였다. 그는

1896년 4월 24일에 메리 뉴턴(Mary Newton Rutherford)에게 보낸 편지에서 「나는 이번 학기에는 뢴트겐선에 관하여 교수님과 같이 연구합니다. 나는 묵은 제목에 다소 진력이 났기 때문에 연구 제목이 바뀐 것을 기쁘게 생각하고 있습니다. 교수님과 한동안 같이 일을 하게 되면 상당한 도움이 될 것으로 생각합니다. 나는 혼자서도 연구할 수 있다는 것을 증명할 만한 연구를 한 가지 이미 끝냈습니다.」라고 썼다. 그는 뉴질랜드를 떠나기 전에 메리 뉴턴과 약혼했으며 그가 캐나다에 정착한 1900년에 그녀와 결혼했다. 러더퍼드는 영국에서 한결같이 그녀에게 편지를 썼으며 다행히도 그녀는 그 편지를 전부 보존했기 때문에 그중의 상당수가 출판되었다. 그리하여 우리는 당시 그의 생활, 예컨대 J. J. 톰슨과 같이 한 골프 경기 등에 관해 알 수 있다. 이 골프 경기에 관하여 그는 완전히 똑바르다고는 할 수 없지만 공을 상당히 먼 곳까지 쳐 보냈다고 썼으며 「그러나 골프를 칠 정도의 나이는 아직 안 됐다고 생각합니다.」라고 덧붙여 놓았다. 그때 그의 나이 24세였다. 또 하나 1896년의 편지에서 그의 면모를 연상하게 하는 부분을 뽑아 보면 「헤겔[7]파 철학자이며 트리니티 대학(Trinity College)의 특별 연구원인 맥타가트(John Ellis McTaggart, 1866~1925)와 아침을 같이 들었습니다. 그런데 딱하게도 아침이 형편없었습니다. 내가 싫어하는 콩팥 요리 두 접시를 놓고 마주 앉으니 그의 철학도 별수 없더군요.」라고 한 부분이 있다. 이것은 전형적인 러더퍼드의 감정과 말투

---

7 역자 주 : Georg Wilhelm Friedrich Hegel, 1770~1831

를 나타낸 부분이다. 맥타가트(그는 자기 이름을 M'Taggart로 썼다)는 러더퍼드보다 다섯 살이 많았으며 이미 철학자로서 그 이름이 나 있었는데 문제의 이 조반을 같이 했을 즈음에는 『헤겔 변증법의 연구』(Studies in the Hegelian Dialectic)라는 첫 저서를 내놓았다. 러더퍼드는 헤겔에 관해 들은 바도 없었을 것이며 틀림없이 흥미도 없었을 것이므로 별로 감명을 받지 못했을 것이다.

러더퍼드는 이즈음에 그의 모친에게도 많은 편지를 썼는데, X선에 관한 그의 초기 연구에 관심을 갖는 우리로서는 그가 모친에게 어떤 보고를 했는지 그 내용이 궁금하지 않을 수 없다. 「저는 J. J. 톰슨 교수와 같이 X선에 관한 연구를 계속하여 상당히 착실한 성과를 얻었으며 연구에도 많은 흥미를 갖게 되었습니다. 교수님의 조수인 에버릿(Everett)이 X선을 발생시키는 둥근 관을 만듭니다. 아시는 바와 같이 손이나 팔의 뼈와 속[8]의 동전을 육안으로 보실 수 있습니다.」

「그 방법은 아주 간단합니다. 즉 작은 구형의 관 속의 공기를 빼고 그 속에서 전기 방전을 일으킵니다. 그러면 관에서 푸른색의 빛이 나옵니다. 이때 X선이 방사되며, 화학 약품을 바른 마분지를 그 근처에 세워 놓으면 마분지 뒤에 놓은 금속 물체가 수 인치의 나무판자를 통해 보입니다. 손뼈도 분명하게 보이며 또 안경집을 보면 나무는 전혀 안 보이고 금속테와 유리만 보입니다. 알루미늄은 X선을 잘 통과시킵니다……. 저는 이런 문

8 그는 아마 〈상자 속의〉라는 말을 쓰려고 했던 것 같다.

제는 연구하고 있지 않습니다만 X선이 물질에 작용하는 성질을 연구하고 있습니다.」 이 편지에 나오는 어떤 화학 약품이란 인광성의 황화아연 즉 황화아연에다 인광을 나타내게 하는 미량의 다른 금속을 첨가한 것인지도 모른다. 이 물질은 빛이나 X선을 쬐면 밝은 녹색빛을 내며, 널리 사용되었다. 또 이 화학 약품은 뢴트겐이 쓴 것과 같은 시안화 백금 바륨일 가능성도 있다. 이 물질도 대단히 빛을 잘 내는 물질이었다.

◦ X선과 기체의 이온화

J. J. 톰슨과의 연구는 오늘날 X선에 의한 기체의 이온화라고 부르는 것으로서 기체 분자로부터 양전기나 음전기를 띤 알맹이, 즉 이온이 생기는 문제였다. 전위가 다른 평행 금속판 사이에 생긴 전기장 속에서 이 이온화된 기체는 양전기를 띠었을 때 음극판 쪽으로 이동하고 반대로 음전기를 띠었을 때는 양극판 쪽으로 이동하며 금속판에 전하를 내주기 때문에 이온화된 기체는 전도성을 갖게 된다. 이보다 약 10년 전에는 아레니우스(Svante August Arrhenius, 1859~1927)가 금속염 용액의 전기 전도를 설명하기 위해 이온에 의한 전도설을 발표했다. 따라서 이온에 의한 전기 전도는 대단히 익숙한 개념이지만 염화나트륨과 같은 염의 용액에서는 나트륨 이온과 염소 이온이 방사선과 같은 외부의 작용을 받지 않아도 저절로 형성되는 것이다.

그리하여 J. J. 톰슨과 러더퍼드는 기체에 대한 X선의 전기적 작용을 연구하기 시작했다. 그것은 「기체가 전하를 받아들일 수 있는 상태로 만드는 데는 뢴트겐선을 이용하는 것이 가장 효과적인 방법」이기 때문이다. 이 말은 J. J. 톰슨이 1896년에 프린스턴(Princeton) 대학에서 행한 4회의 강연에서 한 것이며, 이 해에 러더퍼드와의 공동 연구로 이 내용이 논문으로 발표되었다.[9]

실험에 사용한 X선관은 직경이 2인치 반쯤 되는 작은 구로서 그 속에는 〈사진 3〉에서 보는 바와 같이 凹면의 음극과 음극선을 받을 수 있도록 초점에 비스듬히 놓인 양극 금속판이 들어 있다. 유리관은 물론 배기를 하고 봉한 것이다. 방전은 앞에서 이야기한 룸코르프형의 유도 코일로 했다. 이와 같은 원시적인 방전관을 작동시키기는 보기와는 달리 그리 간단하지 않다. 방전이 되려면 관 속의 기체의 압력이 낮아야 하지만 너무 낮아도 안 된다. 즉 기체 분자의 수가 너무 적으면 전하의 운반체가 적어져서 방전이 일어나지 못한다. 또 처음에는 압력을 알맞게 해 놓더라도 방전이 일어날 때마다 기체가 관벽에 조금씩 흡착되기 때문에 마침내 기체 분자수가 줄어서 방전관이 작용을 못하게 된다. 관벽을 가열하면 흡착된 기체가 탈착(Release)되므로 다시 작용을 하지만 여하튼 X선을 제대로 발생시키려면 항상 이렇게 세심한 주의를 해야 했다. 또 전하의 증감을 측정하려면 제1장에서 이야기한 눈금 전기계를 썼는데 이것도 만만치 않은

9 이 강연을 바탕으로 쓴 책이 『기체 중의 방전』(The Discharge of Electricity through Gases)이며 1898년에 출판되었다.

기계였다. J. J.도 만년에 「조정을 할 때 신경질이 나게 되는 또 하나의 기계는 헌 눈금 전기계(Quadrant Electrometer)였다. 이놈은 축전이 안 되기가 일쑤였는데 빌어도 소용이 없고 저주해도 소용이 없었다.」라고 기술했다. 아들 레일리 경도 당시 전기계의 관해 「J. J.는 발명자의 이름을 딴 엘리어트(Eliott) 형의 기계를 썼다. 누가 그것을 설계했는지는 모르지만 아마 악마의 설계였으리라고 나는 생각한다.」라고 기술했다. 이러한 원시적인 기계를 가지고 일을 하려면 머리가 좋아야 함은 물론이고, 손재주도 좋고 운도 좋아야 하며 또 실험 감각도 좋아야 한다.

X선을 통한 기체(첫 번째로 공기)의 전기적 성질을 조사하기 위해 J. J. 톰슨과 러더퍼드는 간단하지만 중요한 기초 실험을 몇 가지 했다. 우선 긴 금속 튜브의 한쪽 끝에 알루미늄 상자를 달고 이 상자에다 X선을 통과시켰다. 금속 튜브의 다른 한쪽에는 절연된 철사가 튜브의 축에 연해서 달려 있다. 이 철사는 눈금 전기계에 접촉되어 있는데 공기가 흐르지 않고 가만히 있는 한 전하가 변하지 않는다. 그들은 X선을 쬔 공기를 풀무로 금속통에 흘려보내면 전기계가 방전한다는 것을 알아냈다. 바꿔 말하면 공기가 잠시 동안(관을 통과할 수 있는 정도의 시간) 전도성을 지니고 있을 수 있다는 것을 증명한 셈이다. 조사된 기체가 도중에 센 전기장을 만나면 전하 운반체가 극에 끌려가서 전하를 잃기 때문에 이 기체는 검전기를 방전시키지 못한다. J. J.와 러더퍼드는 또한 일정한 X선을 계속 받고 있

는 전도성 기체는 금속 도체와는 달리 옴[10]의 법칙, 즉 전류가 전위차에 비례한다는 법칙에 따르지 않는다는 것을 알아냈다. 그뿐만 아니라 전위차를 서서히 증가시키면 전기계의 하전량의 변화율로 측정되는 전류가 어느 한도까지만 증가하여 포화 전류라고 부르는 극한치에 도달하게 된다는 것도 알아냈다.

이 모든 사실과 그 외의 다른 실험 사실들을 간단한 이론으로 설명했는데 이 이론은 분명히 J. J.의 생각이었던 것 같다. 그러나 이 이론은 J. J.와 러더퍼드가 공동으로 한 연구를 다룬 논문에 공동명의로 발표했다. 이 이론에 의하면 기체에 X선을 쬐면 이온이라고 부르는 양전하의 분자와 음전하의 분자가 생기는데 이 두 종류의 이온은 반대 부호의 전하를 가지고 있기 때문에 재결합하려는 성질이 있다. 재결합의 속도는 충돌하는 이온수와 충돌되는 이온수에 비례하므로 이온수의 제곱에 비례한다.

따라서 이온화된 기체는 처음에는 이온의 존재 때문에 전도성을 갖지만 방치해 두면 이온의 재결합으로 그 전도성이 차츰 없어져 갈 것이다. 조사된 공기가 한동안은 전도성을 갖지만·시간이 흐름에 따라 그 전도성이 감소하는 현상은 이와 같은 이온의 행동으로 설명할 수 있다. 또 기체를 통한 전류는 생성된 이온의 수가 한정되어 있기 때문에 어떤 한계치 이상이 될 수 없을 것이며 따라서 포화 현상이 설명된다. 이 간단한 이론을 수식으로 나타낸 식이 후에 이온화 기체의 전기적 성질에 관한 많은

10 역자 주 : Georg Simon Ohm, 1787~1854

중요한 연구들의 기초가 되었다. J. J.와 러더퍼드의 논문은 현대 물리학사상 중요한 위치를 차지한다. 이 논문은 보통의 기술적인 연구와는 달리 기체 중의 전기 전도에 관한 정밀하고도 수식으로 표현할 수 있는 연구의 기초를 마련해 준 것이다. 이 논문은 「뢴트겐선을 쬔 기체를 통과하는 전기에 관하여」라는 제목으로 1889년 11월의 《철학잡지》(Philosophical Maganzine)에 발표되었다. 《철학잡지》는 오랫동안 영국에서 물리학의 연구 논문이 게재되었던 중요한 잡지로서 1789년에 창간되었다. 당시에는 현재의 물리학을 자연철학(Natural Philosophy)이라고 불렀으며 그 때문에 이러한 잡지명이 생긴 것 같다. 〈왕립학회 철학회보〉라고 번역될 수 있는 Philosophical Transactions of the Royal Sociefy에 관해서는 이미 앞에서 소개한 바 있다. 뉴턴의 획기적인 저서도 1687년에 『자연철학의 수학적 원리』(Philosophiae Naturalis Principia Matkematica)라는 제목으로 출판되었다. 자연철학이라는 말은 아직도 스코틀랜드(Scotland)에 남아 있으며 그곳의 대부분의 대학, 예컨대 에든버러(Edinburgh) 대학에서는 아직도 물리학 교수를 자연철학 교수라고 부르고 있다. J. J.와 러더퍼드의 논문은 리버풀(Liverpool)에서 열린 영국 과학진흥협회의 회합에서도 발표되었다. 레일리 경의 기술에 의하면 J. J.는 러더퍼드의 재능을 즉각적으로 인정했으며 그가 이와 같이 중요한 일에 러더퍼드를 발탁한 것만 보더라도 알 수 있다고 했다. 어쨌든 이 연구에 참여하게 됨으로써 러더퍼드는 J. J.로부터 그의 능력을 높이 평가받았음에 틀림없다.

그의 이름을 빛나게 한 교수와의 공동 연구가 끝난 다음에 러더퍼드는 단독으로 X선을 쬔 기체나 증기의 전기적 성질을 계속해서 연구했다. 그는 J. J.와의 공동 연구 중의 일부를 더 한층 깊이 연구했으며 여러 가지 기체에 의한 X선의 흡수를 연구하여 마침내 조사에 의해서 좋은 도체가 되는 기체는 X선을 잘 흡수한다는 사실을 발견했다. 이것은 X선의 에너지가 이온을 만드는 데 소모된다는 것을 뜻하며 당시에는 중요한 발견이었다. 이것은 J. J.가 그들의 실험 결과를 음미하기 위해 앞서 말한 연구 논문의 끝에 소개해 놓은 내용이다.

이어서 러더퍼드는 X선에 의해서 만들어진 이온의 다른 성질들을 조사했다. 특히 그중에서도 이동도(Mobility), 즉 단위 세기의 전기장에서의 이온의 속도와 재결합의 속도를 여러 단순 기체를 가지고 조사했다. 그는 재결합의 속도가 단위 부피 속에 들어 있는 이온의 수의 제곱에 비례한다는 것을 세밀하게 확인했으며, 이것은 기체 속에서의 이온 이동도에 관한 최초의 체계적인 연구였다. 이 연구에서도 러더퍼드의 개성이 잘 나타나 있다. 즉 그는 이 연구에서 쉽게 상상이 되는 과정을 나타낼 수 있고 또 정밀한 물리적 측정 결과를 잘 설명할 수 있는 간단한 이론을 찾아내려고 했다.

X선에 의한 이온화의 연구 결과를 두 편의 논문으로 《철학잡지》에 냈는데 한 편은 4월에, 다른 한 편은 11월에 발표되었다. 이 해 말에 러더퍼드는 연액 250파운드의 쿠츠 트로터 장학금(Coutts Trotter Studentship)을 받았다. 「생각 좀 해 봐요. 결혼을 하기에도 충분합니다.」라는 내용의 편지를 1897년 12월 12일에 메리 뉴턴에게 보냈다. 그리고 그는 또 이 편지에서 「가장 흡족한 것은 1851년에 장학금의 나머지도 탈 수 있으므로

당분간 부자가 된다는 것입니다.」라고 썼다. 러더퍼드는 젊었을 당시는 물론 그 후에도 항상 돈에 대해서 관심이 많았다.

∘ 자외선에 의한 방전

러더퍼드가 다음으로 눈을 돌린 문제는 자외선에 의한 방전이었다. 가시광선 스펙트럼 끝에는 자색의 빛이 있고 그 너머에는 보라색의 빛보다도 파장이 짧은 눈에 보이지 않는 광선이 있다. 이 광선은 형광물질을 빛나게 하거나 사진 건판을 감광시키는 성질 때문에 곧 검출할 수 있으며 자외선이라고 부른다. 이 광선은 전기적 작용과 화학적 작용이 대단히 강하다. 피부를 태우는 것도 바로 이 범위의 한 광선이다. 1887년에 헤르츠는 불꽃 방전용 금속구에 이 광선을 쬐어 주면 방전이 훨씬 더 쉽게 일어난다는 것을 발견했다. 그다음 해에 할박스(Wilhelm Hallwachs, 1859~1992)는 음전하를 가진 금속판에 이 광선을 쬐면 금속이 그 전하를 잃지만 한편 양전하를 가진 금속판은 그렇지 않다는 것을 발견했다. 그 외에도 엘스터(Julius Elster, 1854~1920)와 가이텔[11](Hans F. Geitel, 1855~1923)과 같은 유명한 학자를 포함한 많은 사람이 자외선이 공기 중

11 엘스터와 가이텔은 유명한 독일 물리학자들이었는데 그들은 훌륭한 연구를 모두 함께 했으며 두 이름은 늘 같이 거론되었다. 당시 독일에서 유행하는 이야기에 의하면 모습이 가이텔과 퍽 닮은 사람이 있었다. 어느 낯선 사람이 그를 만나 "안녕하십니까? 엘스터 선생"이라고 하자 그는 이렇게 대답했다고 한다. "첫째 나는 엘스터가 아니라 가이텔입니다. 그리고 둘째, 나는 가이텔이 아닙니다."

에 있는 금속을 방전시키는 효과에 대해 연구했으며 같은 조건에서도 금속의 종류에 따라 전하를 잃는 속도가 다르다는 사실을 발견했다. 러더퍼드의 연구 결과는 1898년에 발표되었는데, 연구하던 당시만 하더라도 이 광선이 금속 표면으로부터 전자를 방출시킨다는 것을 모르고 있었다. 이 전자 방출 작용은 오늘날 광전 효과(Photoelectric Effect)라는 이름으로 잘 알려져 있는 현상으로, 이 현상이 아니면 텔레비전도 나오지 못했을 것이다. 텔레비전은 빛을 전기로 바꾸는 이 현상을 이용한 것이다. 자외선이 특히 큰 광전 효과를 나타내기는 하지만 보통의 가시광선도 적당한 물질에 대해 같은 효과를 나타낸다. 1899년 말에 J. J. 톰슨과 필립 레나르트는 독자적으로 고진공(high vacuum) 속에서 금속에 빛을 쪼였을 때, 금속으로부터 튀어나오는 음전하의 알맹이는 음극선의 알맹이와 질량이나 전하가 같은 전자임을 알아냈다.

러더퍼드는 그때까지의 모든 연구자들과 마찬가지로 금속판을 대기 중에 놓고 실험했으며 음전하 운반체의 성질, 그중에서도 전기장에서의 이동도를 측정했다. 그는 이 실험을 하는 데 두 장의 평행판 사이에 공기를 흘려보냈다. 두 장의 평행판 중 한 장은 빛이 통과할 수 있는 금속망이고 다른 한 장은 자외선을 받는 금속판이다. 공기가 흐르면 하전 알맹이가 실려 가기 때문에 전류가 감소하는데 공기의 흐름이 빠를수록 전류도 약해진다. 이러한 장치를 쓰면 전기장과 수직 방향으로 흐르는 전하 운반체의 속도를 쉽게 구할 수 있는 것이다. 후에 그는 한쪽 평행판에다 교류 전압을 걸어 주는 슬기로운 방법을 사용했다. 운반체가 전기장의 작용을 받고 어느 한 방향으로 갔다가 다시 반대 방향의 전기장에 의해서 되돌아 올 때까지 가는 거리는 운반체의 속도에 따라 다르며 이 거리는 평행판 사이의 거리를 조절해 줌으로써 구할 수 있다. 이 실험을 통해 알게 된 사실은 자외선에 의해서 생긴 음전하 운반체의 이동도는 조사되는 금속의 종류에 상관없이 일정하며 X선에 의해서 생긴 음이온의 이동도와 같다는 것이다. 러더퍼드는 물론 금속판에서 나온 전자와 결합한 기체 분자, 따라서 X선에 의해서 생긴 음전하 운반체와 같은 종류의 것을 취급한 셈이었지만 그는 이것을 모르고 있었다. 이러한 실험들은 후일에 와서는 그다지 중요하지 않은 것처럼 보일지 모르지만 그가 대단히 명석하고 창의성이 풍부한 실험가였음을 보여 주는 것이다.

∘ 베크렐의 우라늄 방사선 발견

러더퍼드는 《케임브리지 철학회보》(Proceedings of the Cambridge Philosopical Society)—이것도 철학이라는 말의 옛 용법의 한 예이다—에 발표한 논문에서 우라늄 방사선에 의한 이온화에 대해서도 내처 언급했다. 이 부분은 수년 후에 그를 세계적 명사로 만든 연구를 엿보게 하는 내용이다. 이미 이야기한 바와 같이 프랑스의 대물리학자 베크렐은 우라늄이 X선과 마찬가지로 공기 중의 하전체를 방전시키는 방사선을 내놓는다는 사실을 발견했다. 그가 이 발견을 한 방법은 좀 색다르다. X선은 뢴트겐이 발견한 바에 의하면 음극선이 충돌한 방전관의 유리벽에서 나오며 이때 유리벽은 인광과 비슷한 빛을 냈다. 인광은 밝은 빛을 받은 어떤 물체가 후에 자기 스스로 빛을 내는 성질이다.[12]

베크렐은 인광 현상을 연구하고 있었으므로 뢴트겐의 발견을 듣자마자 새로운 방사선은 인광과 관계가 있고 또 일반적으로 인광물질이 그러한 방사선을 내놓을지도 모른다고 생각했다. 그가 잘 알고 있는 한 우라늄 화합물이 센 인광을 내놓았으므로 그는 이 화합물을 가지고 조사해 보기로 작정했다.

그리하여 베크렐은 그 인광 물질을 검은 종이로 싼 사진 건판 위에다 올려놓았다. 그랬더니 얼마 후에 사진 건판이 X선을 쬐었을 때와 같이 감광된다는 것을 발견했다. 그러나 그는 이것이 인광하고는 아무 관계가 없다는 것을 알아냈다. 즉 이 우라늄염은 빛을 쪼이지 않아 인광을 내놓지 않을 때도 마찬가지 작용을 한다는 것을 알게 된 것이다. 이어서 그는 사진 건판을 감광시키는 것은 우라늄 자신이며 인광성인 염의 형태로 존재하든 안 하든 관계없이 모든 우라늄 화합물이 동일한 감광 작용을 한다는 것을 발견했다. 그는 또 우라늄이 내놓는 방사선은 X선과 비슷하며 상당히 두꺼운 금속이나 기타 불투명체를 투과하고 또 검전기를 방전시킨다는 것도 발견했다.

X선에 의한 이온화에 관하여 많은 연구를 하고 있던 러더퍼드가 이 발

12 자명종 시계의 글씨에는 흔히 인광물질을 칠해 놓는데 이 인광물질 속에는 소량의 방사성물질을 섞어 넣기 때문에 항상 약한 빛을 낸다. 여기에다 회중전등과 같은 밝은 빛을 잠시 찍어 주면 밝게 빛나다가 서서히 흐려지는데 이것이 인광이다.

견에 관심을 가지게 되었다는 것은 당연한 일이다. 자외선의 전기적 작용에 관한 연구가 끝나자 그는 이 두 종류의 방사선이 얼마나 비슷한가를 알기 위해 우라늄 방사선의 작용을 연구하기 시작했다.

◦ 알파선과 베타선

X선은 투과력이 다른 여러, 방사선의 집합으로 되어 있다는 것이 알려졌기 때문에 러더퍼드는 우선 우라늄 방사선의 투과력을 측정하기 시작했다. 투과된 방사선의 세기는 그 방사선에 의한 이온화 세기로써 측정했다. 그는 두 장의 큰 평행판을 수평으로 놓고 밑에 놓인 판 위에다 우라늄 화합물을 얇게 펴놓은 다음 다시 그 위를 여러 장의 대단히 얇은 금속박으로 덮어 놓았다. 이 금속박의 장수를 변화시키면서 평행판 사이에 일정한 전위차를 주었을 때 생기는 이온화의 세기를 측정했다. 다음에 그가 발견한 사실을 간단하고 직접적인 그 자신의 말을 빌려서 나타내 보기로 하자. 「이 실험에 의하면 우라늄 방사선은 복합이며, 적어도 뚜렷하게 상이한 두 종류의 방사선으로 되어 있다. 그중 하나는 대단히 흡수가 잘 되는 것으로서 이것을 편의상 알파선이라고 부르기로 하고 또 하나의 투과성이 큰 것은 베타선이라고 부르기로 한다.」 알파(α)와 베타(β)는 그리스어 알파벳의 처음 두 문자이다. 그는 β선은 보통의 방전관에서 나오는 X선과 비슷한 투과력을 갖지만 α선의 투과력은 대단히 약하며 극히 일부분만이 1,000분의 1인치 두께의 알루미늄박을 통과하는 것을 발견했다. α선과 β선은 본질적으로 다르고 α선이 하전된 헬륨 원자의 흐름인 데 반해 β선은 고속도의 전

자의 흐름이며, 둘 다 자연적으로 방출된다는 사실들이 러더퍼드에 의해서 밝혀진 것은 이보다도 훨씬 후의 일이다. α선은 러더퍼드의 애완물과 다름없다고까지 할 정도로 그는 α선을 잘 다루었다. 그러나 그는 이 방사선이 기체를 이온화시키는 능력이 있다는 사실을 고려하여 그의 첫 번째 논문에서 우라늄이 내놓은 이 두 종류의 방사선은, X선과 그리고 이 X선이 금속에 조사되었을 때 나오는 2차 방사선(현재 전자라고 알려진)과 비슷하다는 결론을 내렸다. 「우라늄이 어떻게 끊임없이 방사선을 내놓으며 또 이 방사선이 어디서 나오는 것인지는 수수께끼이다.」라고 러더퍼드는 말했는데 이 수수께끼는 후에 그 자신이 해명하고 말았다.

◦ J.J. 톰슨과 전자의 발견

러더퍼드가 X선에 의한 이온화를 연구하고 있는 동안에 J. J.는 음극선의 연구를 진행시켜 마침내 전자를 발견하기에 이르렀다. 이 발견은 러더퍼드의 연구와 함께 당시의 물리학의 발전에 중대한 영향을 미쳤던 것으로 여기에 관한 이야기를 다소 하지 않을 수 없다. 방전관 속의 압력을 알맞게 낮추었을 때 음극선이 나온다는 사실은 이미 X선의 발견과 관련해서 이야기한 바 있다. 크룩스는 음극선의 경로가 자석에 의해서 휘어지며 휘는 방향으로 보아 음극선은 음극으로부터 튀어나온 음전자 알맹이의 흐름이라는 것을 증명했다. 하전 알맹이의 흐름은 전류와 동일하게 볼 수 있으며 이런 전류의 세기는 알맹이의 속도와 하전량에 비례한다. 분자

운동에 관한 기초 연구로 1926년에 노벨상을 받은 프랑스의 대학자 페렝(Jean Baptiste Penin, 1870~1942)은 음극선이 음전하를 띠고 있다는 것을 직접 실험으로 증명했다. 또한 음극선은 전기장 속에서 음전하가 끌려가는 방향으로 휘어진다는 것이 알려졌다. 이와 같은 많은 발견에도 불구하고 음극선의 본질은 아직도 규명되지 않았다. 즉 일부에서는 음극선을 어떤 작은 알맹이의 흐름이라고 생각했으며 다른 일부에서는 파동의 성질을 갖는 어떤 것이라고 생각했다. 그리하여 음극선은 지금까지 아무도 상상하지 못했던 전혀 새로운 종류의 알맹이라는 것을 증명해야 할 숙제가 J. J.에게로 넘어갔다.

그는 자기장과 전기장에서 일어나는 가는 음극선 다발의 편향을 측정했다. 이 방법은 후에 러더퍼드가 α 알맹이의 본질을 규명하는 데 이용했으므로 그 원리를 간단히 설명하겠다. 전기장이 하전 알맹이에 미치는 힘은 그 하전량에 의해서만 결정되며 알맹이의 속도에는 관계되지 않는다. 그러나 전기력에 의해서 생기는 가속도는 알맹이의 질량에 따라 다르다. 따라서 날아가는 하전 알맹이의 편향 정도는 질량에 대한 하전량의 비와 힘이 작용한 시간에 관계된다.

자기장은 정지하고 있는 하전 알맹이에 대해서는 아무런 작용도 하지 않는다. 그러나 운동하고 있는 하전 알맹이는 전류와 마찬가지이다. 한편 전류가 흐르는 도선은 자기장 속에서 그 도선과 자기장에 직각 방향으로 움직이려는 성질이 있다. 하전 알맹이의 흐름이 자기장에서 편향되는 정도는 그 속도와 질량에 대한 하전의 비에 관계된다. 물론 전기장이나 자기장에서 하전 알맹이가 일정한 거리를 가는 동안에 옆으로 밀려가는 거리는 알맹이의 속도에 따라 다르다. 그 이유는 알맹이에 힘이 작용하는 시간이 속도에 따라 다르기 때문이다. 한편 속도만 생각하면 자기장에서는 독특한 작용을 받는다.

위에서 말한 것을 간추려 보면 전기장과 자기장 속에서 방사선이 편향되는 정도를 측정함으로써 그 방사선을 구성하는 알맹이의 질량에 대한 전하의 비와 알맹이의 속도를 구할 수 있다는 것이다. 이러한 결과를 얻으려면 진공관 속의 압력을 알맞게 유지해 주어야 한다는 등 여러 가지 실험상의 애로가 있지만 J. J.는 이러한 애로들을 극복했다. 그리고 그는 질량에 대한 전하의 비, 즉 e/m의 값이 진공관 속의 기체나 전극 물질의 종류에 관계없이 일정하며 수소 이온에 대한 값의 770배가 된다는 것을 발견했다.[13] 이 사실을 설명하려면 음극선의 알맹이가 수소 이온보다 큰 전하를 갖거나 질량이 훨씬 작다고 생각해야만 한다. 그런데 수소 원자는 가장 가벼운 원자이다. J. J.는 이 음극선의 알맹이를 "corpuscles"(알맹이)라고 불렀으며, 이 알맹이는 수소 이온과 전하는 같지만 질량이 훨씬 더 가볍다는 쪽으로 생각이 기울었다.

얼마 안 가서 J. J는 이 전자에다 미소한 물방울을 응축시켜 전자의 전하를 측정하는 슬기로운 실험을 한 결과 그 전하는 염의 수용액 속에 존재하는 보통 이온의 단위 전하와 같음을 알아냈다. 그렇게 그는 마침내

13 곧 이어서 카우프만(W. Kaufmann)은 이 비가 1840배라는 것을 알아 냈다. 현재의 값은 1822배이다.

전자의 질량을 구하는 데 성공했다. 이미 이야기한 바와 같이 이렇게 구한 전자의 질량은 수소 원자 질량의 770분의 1이었다. 이 결과는 대단히 거친 측정으로 얻은 것이며 카우프만의 실험으로 훨씬 더 좋은 값이 나왔다. 그러나 이 실험을 통해 밝혀진 중요한 점은 가장 가볍다고 생각되었던 수소 원자보다 더 가벼운 알맹이가 모든 물질 속에 들어 있으며 따라서 이 가벼운 알맹이는 모든 원자의 구성 요소라고 생각할 수 있다는 것이다. J. J.는 1889년에 「나는 원자가 여러 개의 작은 알맹이로 되어 있다고 생각한다. 이 알맹이는 서로 같은 것이며 그 질량은 낮은 압력의 기체 중 음이온의 질량과 같다.」라고 기술하여 이 알맹이가 음극선 알맹이와 똑같은 질량을 갖는다고 생각했다.

이것은 처음으로 원자보다 작은 알맹이를 발견한 것이며, 극히 중요한 의의를 가지는 발견이었다. 조금 후에 유명한 네덜란드 물리학자 로렌츠(Hendrik Antoon Lorentz, 1853~1928)는 이 〈알맹이〉에다 〈전자〉라는 이름을 붙였으며 그 후 이 이름이 그대로 쓰이며 내려오고 있다. 이 이름은 1894년에 이미 존스톤 스토니(Johnstone Stoney, 1826~1911)가 전해질 용액 속에 있는 이온의 단위 전하에 붙였던 이름이었다. 물론 전자의 전하는 이온의 단위 전하와 그 크기가 같다. 전자의 발견으로 인해 급속한 발전을 해 나가던 새 물리학은 새로운 단계에 접어 들게 되었으며 러더퍼드의 연구에도 큰 영향을 미쳤다.

전자는 발견된 당시나 그 후 몇 년 동안 순수한 학문상의 흥미 대상으로밖에는 관심을 모으지 못했었다. 사실 캐번디시 연구소의 연례 만찬회의 축배 인사가 「전자여! 누구에게도 아무 쓸모가 없을지어다.」라는 것이었을 정도였다. 오늘날에 와서는 열전자관(진공관)과 트랜지스터에서 무엇이 튀어나오는지 모르는 사람이 없다. 이들은 전자의 성질을 이용한 것들이며 텔레비전도 그 한 예이다. 그러나 이러한 일들은 이 책의 이야기 대상이 되지 않는다.

전자의 발견은 러더퍼드가 젊은이로서 캐번디시 연구소에 재직하고 있는 동안에 일어난 최대의 성과였다. 그러나 이와 관련된 문제들은 후에 유명해진 많은 사람들이 기꺼이 정열적으로 연구하고 있었다. 윌슨이 그 중의 한 사람이었는데 그는 기체 이온이, 양전기를 갖든 음전기를 갖든 관계없이 실험실의 기구 속에서 작은 물방울을 응축시키는 핵의 역할을 한다는 것을 발견했다. J. J.가 X선으로 만든 이온의 하전량을 구하기 위해 이 놀라운 발견을 이용한 사실에 대해서는 이미 이야기한 바 있다. 윌슨은 1911년에 그 유명한 안개상자(Cloud Chamber)를 가지고 이 현상을 이용하여 하전 알맹이의 비적(path)을 사진으로 찍어내는 데 성공했다. 이것으로 그는 노벨상을 받았는데 안개상자의 작용에 대해서는 4장에서 이야기하겠다. 후에 텍사스(Texas)주 휴스턴(Houston)의 라이스 연구소(Rice Institute)의 물리학 교수가 된 윌슨(Harold Albert Wilson, 1874~1964)은 불꽃 기체의 전기적 성질을 연구하고 있었다. 이 문제에는 후에 에이레 국립대학(The National University of Ireland)의 물리학 교수가 된 맥클렐런드(J. A. McClelland)도 관여했다. 또 후에 옥스퍼드의 위컴(Wykeham) 물리학 교수가 된 타운센드는 이온의 확산과 발생기의 기체의 전기적 성질을 바삐 연구하고 있었다. 이 이외에도 많은 사람이 중요한 연구들을 하고 있었다. 참으로 당당한 연구진이었다.

∘ 맥길 대학 물리학 교수에 취임

러더퍼드의 이야기가 결국 잠시 중단되었지만, 전자의 발견으로 기쁨에 들떠 있는 분위기 속에서 그는 그의 논문의 표제가 된 「우라늄 방사선과 이것에 의한 전기 전도」에 관한 연구를 끝내가고 있었다. 그러나 그는 이 논문이 출판되기도 전에 캐번디시를 떠나게 되었다. 그는 메리 뉴턴에게 보낸 1898년 4월 22일 자 편지에서 몬트리올에 있는 맥길 대학의 물리학 교수 자리가 비게 되는 모양인데 연봉이 불과 500파운드밖에 안 돼서 J. J가 권하지 않으면 가지 않을 작정이라고 말했다. 그는 또 「개인적으로는 뉴질랜드 다음으로 캐나다를 좋아합니다. 그곳은 대단히 재미있는 곳이라고 생각합니다.」라고 덧붙였다. 그는 다소 결단을 못 내리는 것 같더니 결국 한 열흘 사이에 그 자리에 응모하기로 결심했다. 그 이유는 트리니티 대학의 펠로우(Fellow) 지위를 얻게 되면 한동안 편하게 살 수 있을 텐데 이 가능성이 전혀 없다고 생각했기 때문이었다. 「정규 케임브리지 과정을 마치고 세 번째 연구를 끝냈으면 펠로우의 지위는 완전히 막혀버렸으리라는 것을 나는 잘 알고 있다.」라고 그는 말했는데 이것은 거의 틀림없는 사실일 것이다. 그러나 세월이 흘러 21년 후에 그가 캐번디시의 교수가 되어 J. J. 톰슨의 뒤를 이어받았을 때 그는 트리니티 대학의 펠로

우가 되었다.[14]

위에 인용한 편지를 쓴지 두 달 후에 그는 아마도 맥길 대학의 교수로 임명될 것이며 많은 기대를 받게 될 것이라는 편지를 썼다. 즉「나는 독창성 있는 일을 하려고 합니다. 그리고 양키들을 무색하게 할 수 있는 학파를 이루어 놓을 생각입니다」라고 썼다. 그는 또 늘 관심을 갖던 가계에 대해서도 언급하여 그들이 결혼하더라도 연 400파운드면 매우 편안한 생활을 할 수 있을 테니까 나머지 돈은 저축할 수 있을 것이라고 써 보냈다. 그는 1898년 8월 3일에 쓴 편지에서 그가 교수로 임명되었으며 결혼식의 모습이 눈앞에 떠오른다는 즐거운 사연을 늘어놓았다. 당시의 물가를 보면 캐나다까지의 1등 운임이 12파운드밖에 안 되었다. 그는 1898년 9월 8일에 영국을 떠났는데 그때 그의 나이 27세였다.

러더퍼드의 영전에 지대한 역할을 한 것으로 보이는 J. J.의 다음과 같은 추천사를 가지고 케임브리지에서 보낸 그의 청년 시절의 이야기를 끝맺을까 한다.「나는 지금까지 러더퍼드 군처럼 독창적 연구에 대한 열의가 강하고 뛰어난 능력을 가진 연구자를 만나본 적이 없다. 다행히 그가 뽑힌다면 틀림없이 몬트리올에 훌륭한 물리학의 일파를 이루어 놓을 것을 나는 믿어 마지않는다.」라는 것이 그 내용이다. 뉴질랜드를 떠날 때 비커턴의 추천사처럼 이 추천사도 물론 그대로 적중했다.

---

14 옥스퍼드나 케임브리지 대학의 각 대학에서는 업적이 특히 뛰어난 몇몇 졸업생을 펠로우로 선출하는 것이 관례로 되어 있다. 펠로우에게는 좋은 아파트가 제공되었으며 특히 러더퍼드의 시대에는 흡족한 생활을 하기에 풍족한 돈이 지급되었다.

제4장

몬트리올의 맥길 연구소

1898년부터 1907년까지 맥길 대학에서의 9년 동안에
러더퍼드와 그의 공동 연구자들은 러더퍼드의 이름과 끊으려야
끊을 수 없는 연구 제목인 방사능 연구에 전력을 기울였다.

Ernest Rutherford

원자의 본질과 원자 변화 과정의 개념에 중대한 영향을 미친 이 연구의 중요성이 인정되어 「원소의 분리와 방사성물질의 화학에 관한 연구의 업적」으로 1908년도 노벨상이 수여되었다. 화학이라는 말은 이 상이 물리학상이 아니고 화학상이었기 때문에 붙여진 것 같다. 물리학상은 컬러 사진의 선구자인 가브리엘 리프망(Gabriel Lippnun, 1845~1921)에게 수여되었다. 아마도 시상자들은 러더퍼드가 노벨상을 탈 때가 되었으며 방사성 원소의 행동은 화학의 한 분야라고 볼 수도 있다고 생각했을 것이다.

∘ 피에르 및 마리 퀴리

앞으로 자주 방사능에 관한 이야기가 나오게 되므로 방사능에 관한 지식이 전 세기말에는 어느 정도였었는가를 간단히 훑어보는 것이 좋을 것 같다. 우라늄은 자발적으로 방사선을 내며 이 방사선은 사진 건판을 감광시키고 공기를 전도성으로 만든다는 사실이 1896년에 베크렐에 의해서 발견되었다는 것은 이미 이야기했다. 이제 이 신비로운 현상을 연구 대상으로 삼은 퀴리 부부에 대하여 이야기해 보자. 우라늄이 어떤 화학 결합 상태에 있건 관계없이 외부로부터의 자극을 전혀 받지 않고서도 계속해서 투과성의 방사선을 방출한다는 것은 참으로 불가사의한 일이 아닐 수 없었다. 피에르 퀴리(Pierre Curie, 1859~1906)는 1859년에 파리에서 태어났으며 그의 형과 함께〈압전기〉[15](piezoelectricity)라는 현상을 발견했다. 이어서 그는 후에 퀴리 효과의 발견으로까지 발전한 자기에 관한 중요한 연구를 통해 물리학자로서 그 이름이 널리 알려져 있었는데 1906년에 교통사고로 사망했다.

퀴리 부인은 1867년에 러시아의 전제적인 통치 하에 있던 폴란드의 바르샤바(Wareaw, Waiszwa)에서 마냐 스클로도프스카(Manya Sklodowska)로 태어났다. 그녀는 파리 유학을 열망했으나 대단히 가난했기 때문에 1891년에야 겨우 4등칸의 기차를 타고 고생스러운 여행을 하며 파리에 갔다. 독일의 4등 차는 긴 의자가 몇 개 달린 화차와 같은 것이었다. 그녀는 파리 대학 소르본(Sorbonne)에서 물리학과 화학을 배우고 1895년에 피에르 퀴리와 결혼했다. 그녀는 폴란드 이름인 마냐를 프랑스 이름인 마리(Marie)로 바꾸었는데 이 이름으로 널리 알려지게 되었다. 그러나 그녀는 처녀 때의 이름을 버리지 않고 마리 스클로도프스카 퀴리라는 이름을 썼다. 그녀가 최초로 연구를 한 것은 철의 자기적 성질이었다. 이미 앞에서 이야기한 바와 같이 자기는 그녀의 남편이 훌륭한 성과를 올린 연구 제목이었던 것이다. 그들은 가난하게 살았지만 둘 다 과학 연구에 대한 열정이 대단했으므로 보통의 쾌락이라든가 옷과 같은 몸치장에는 거의 관심을 갖지 않았다.

15 이 현상은 어떤 종류의 결정이 나타내는 성질로서 결정의 어떤 한 방향으로 압력을 가해 주면 특정한 결정면에 전하가 나타나는 현상이다.

베크텔의 연구에 자극을 받은 마리 퀴리는 여러 화합물 속에 들어 있는 우라늄의 방사선을 연구하여, 방사선의 세기는 우라늄 함유량에 의해서만 결정된다는 사실을 밝혀냈다. 그녀는 또 토륨 화합물도 조사했다. 왜냐하면 당시에 알려진 최고 원자량의 원소는 우라늄이고 토륨은 바로 그다음 원소였기 때문이다. 그녀는 토륨의 염이나 광물이 우라늄에서 나오는 것과 비슷한 센 방사선을 내놓는다는 것을 알아냈다. 그녀는 두 장의 금속판을 수평으로 놓고 밑의 판에다 분말로 된 물질을 뿌린 다음 두 금속판 사이에 100볼트의 전압을 걸고 다시 여기에다 전하의 흐름을 측정하기 위한 검전기를 접촉시켰다. 즉 그녀가 택한 실험 방법은 극히 간단했다. 같은 무렵에 독일의 슈미트(C. G. Schmidt)도 독립적으로 토륨의 방사능을 발견했다. 그리하여 1898년에는 두 종류의 원소가 자연적으로 끊임없이 방사선을 내며 그 방사선은 J. J. 톰슨과 러더퍼드가 밝힌 바와 같이 이온이라는 하전 분자를 만들어 공기를 전도성으로 만들어 준다는 것이 밝혀졌다.

토륨이 방사선을 자연적으로 내놓는다는 것을 발견한 다음 퀴리 부인은 우라늄과 토륨이 들어 있는 여러 광물을 가지고 방사성물질을 찾아내는 체계적 연구를 해 나갔다. 그녀가 조사한 광물 중에는 피치블렌드(pitchblende, 역청 우라늄광)라고 부르는 일종의 우라늄 광물이 있었다. 놀랍게도 이 광물의 어떤 시료는 그 우라늄 함유량으로부터 추정되는 것보다 몇 배나 더 센 방사능을 나타냈다. 그리하여 퀴리 부인은 피치블렌드 속에는 우라늄 이외에도 다른 어떤 센 방사성물질이 들어 있을 것이라는 결론을 내렸다. 이 결론은 간단하기는 하지만 결코 분명한 결론은 아니었다.

∘ 라듐의 발견

그렇게 그녀와 남편은 이 광물 속에 들어 있는 모든 원소들을 화학적으로 분리하고 이어서 평행판과 전기계를 이용하는 방법으로 이 분리한 물질들이 공기를 얼마나 이온화시키는가를 조사했다. 이 실험에 관한 최초의 논문에서 방사성(radio-actif, 또는 성에 따라 radio-active)이라는 용어가 처음으로 사용되었다. 방사능(radio-activité)이란 용어는 그다음 논문에서 처음으로 나왔는데 영어로 처음 번역되어 나온 것은 1898년 11월 6일의 주간 과학 잡지 《네이처》였다.

이 실험 결과 피치블렌드로부터 분리한 비스무트와 바륨의 시료가 센 방사능을 나타낸다는 것이 발견되었다. 보통의 비스무트나 바륨은 방사성이 아니므로 화학적 성질은 비스무트나 바륨과 비슷하지만 아직 알려지지 않은 센 방사성 원소가 이 피치블렌드 속에 들어 있다고밖에는 생각할 도리가 없었다. 퀴리 부인은 비스무트와 비슷한 원소에 그녀의 고국을 기념하는 뜻으로 폴로늄(polonium)이라는 이름을 붙이고(후에 라듐 F로 밝혀졌음) 바륨과 비슷한 원소에는 라듐(radium)이라는 이름을 붙였다.

라듐을 발견하게 한 이 실험은 아무도 쓰지 않는 내버려진 헛간 속에서 행해졌으며 그 실험 조건이란 형편없었다. 퀴리 부부가 사용한 원료는 요아힘슈탈(Joachimstal)이라는 곳에 있는 국립 제련소의 피치블렌드로부터 나온 1톤의 우라늄 잔류물이었는데 다행히도 오스트리아 정부가 이것을 기증해 주었다. 그들에게는 이 대금을 지불할 만한 연구비도 없었다. 그러나 이 발견을 낳게 한 그들의 추리는 극히 간단했다. 즉 우라늄 화합물의 방사능은 일반적으로 함유된 우라늄의 양에 의해서만 결정되며 이것에 비례한다는 것이 밝혀져 있었다. 그런데 피치블렌드광의 방사능은 함유된 우라늄양에 비해서 훨씬 세다. 따라서 방사성이 센 어떤 모르는 물질이 우라늄과 함께 들어 있을 것이다. 그뿐만 아니라 그들의 연구 방법도 극히 간단했다. 즉 피치블렌드 속에 들어 있는 여러 원소를 이미 아는 화학적 방법으로 분리하고 여과액을 증발시켜 준 후에 이 물질이 나타내는 이 온화 능력을 이미 설명한 간단한 방법으로 추정함으로써 그 방사능을 측정했다. 천재란 무한한 인내력의 소유자라고 하지만 그 외에도 새로운 기본적인 사고력이 있어야 하는 것이다. 퀴리 부부는 이 둘을 다 가지고 있었다.

이보다 조금 후인 1902년 1월에 러더퍼드는 맥길에서 그의 모친에게 「저는 지금 논문을 쓰고 또 새로운 연구를 하느라고 바쁩니다. 저와 비슷한 연구를 하는 사람들이 많으므로 연구를 자꾸만 계속해 나가야 합니다. 경쟁에 지지 않으려면 제가 지금 하고 있는 일을 되도록 빨리 발표해야 합니다. 이러한 연구 경쟁의 최우수 선수가 파리에 있는 베크렐과 퀴리 부부인데 그들은 지난 몇 해 동안에 방사성물질에 관한 많은 극히 중요한 연구를 했습니다.」라고 써 보냈다. 이것은 아마 가장 판단력이 좋은 사람의 의견이었음에 틀림없다.

방사성이 센 라듐은 항상 바륨과 붙어 다닌다는 것이 알려져 이 두 원소의 염의 용해도의 차를 이용하여 라듐을 분리했다. 그리하여 라듐은 하나의 원소라는 것이 증명되었다. 피치블렌드 속에 들어 있는 라듐의 양은 우라늄의 약 300만 분의 1밖에 안 되지만 라듐은 센 방사능을 가지고 있기 때문에 라듐에 의한 방사능은 우라늄에 의한 것이 몇 배가 된다. 퀴리 부인이 원자량을 측정할 수 있을 정도로 충분한 양의 라듐을 분리해 놓은 것은 러더퍼드가 맥길 대학에서 연구 생활에 들어가기 몇 해 전의 일이었다. 라듐이 얼마나 비쌌는가에 대해서도 잠시 이야기하겠다. 제1차 세계대전 중에는 1㎎의 값이 25파운드였으며 당시의 환율로 1온스(약 28㎎)의 값이 300만 달러였다. 그뿐만 아니라 순수하게 분리된 라듐도 당시에는 얼마 안 되었다. 1940년까지의 세계 총생산량은 약 2파운드(약 900㎎)로 추정된다.

1889년에 퀴리 부부를 위하여 우라늄의 잔류물을 조사하던 드비에른(André Louis Debieme, 1874~1949)은 새로운 방사성 원소를 발견하고 악티늄(actinium)이라고 명명했다. 그리하여 전 세기말에는 세 가지의 방사성 원소 즉 라듐, 토륨 및 악티늄이 발견되었는데 이들은 후에 이야기하겠지만 각각 세 방사성 계열의 어미 원소들이다. 또한 폴로늄도 알려졌는데 후에 이것은 라듐 계열에 속한다는 것을 알게 되었다. 이러한 사실들은 맥길에서의 러더퍼드와 소디(Frederick Soddy, 1877~1956)의 연구에 의해서 밝혀진 것들이다.

그러면 다시 러더퍼드의 맥길 부임에 관한 이야기로 돌아가자. 1821년에 칙허(Royal Charter)로 대학의 인가를 받은 맥길 대학은 몬트리올의 명사이며 상인인 맥길(James McGill, 1744~1813)의 유산으로 창립되었다. 그는 1813년에 죽으면서 대학 창립을 위해 약 4만 파운드를 유증했다.

1988년에 이 대학은 당시에는 최상급이라고 할 수 있는 실험실을 가지고 있었다. 러더퍼드의 전임 교수는, 캘린더였는데 그는 영국 본토에 교수로 부임해 갔다. 러더퍼드는 케임브리지를 떠나기 직전에 메리 뉴턴에게 「맥길은 대단히 중요한 곳입니다. 왜냐하면 캘린더는 F. R. S[16]이며 트리니티 대학의 펠로우이기도 하고, 과학계에서는 상당한 거물이기 때문입니다. 따라서 나도 훌륭한 일을 할 것으로 기대할 것입니다.」라는 편지를 보냈다. 이 물리학 연구실은 러더퍼드의 말을 빌리면 〈세계 최고급의 연구실〉이었으며 설비가 대단히 잘 되어 있었을 뿐만 아니라 윌리엄 맥도널드(William MacDonald)라고 부르는 백만장자가 푸짐하게 원조를 해 주고 있었다. 이 백만장자는 생활비로 연 250파운드를 썼으며, 따라서 교수들도 연 500파운드면 안락한 생활을 할 수 있으리라고 생각했다. 맥길 대학의 교수들은 전부 실제로 이만한 액수의 봉급을 받았다. 맥도널드는 담배로 재산을 모은 현금 거래 주의의 담배 도매상인이었지만 흡연을 대단히 싫어하고 일종의 추잡스러운 습관이라고까지 생각했다. 맥길에서 러더퍼드와 함께 일하고 후에 그곳에서 물리학 교수가 된 이브(Arthur Stewart Eve, 1862~1948)의 이야기에 의하면 1903년 어느 날 러더퍼드는 숨을 헐떡거리고 방 안으로 뛰어 들어오면서 "창문을 열고 파이프를 버리고 담배를 감춰라"라고 말하기에 "도대체 어찌 된 영문입니까?"하고 물으니까 "빨리! 맥도널드가 연구실을 돌아보고 있소"라고 대답하더라는 것이다. 그러

16 F. R. S.는 Fellow of the Royal Society(왕립학회회원)의 약칭으로, 영국에서는 과학상의 최고 영예이다.

나 맥도널드가 연구실에 설비를 해 주고 공기 액화기와 같은 비싼 기계라든가 브롬화 라듐 그리고 그 밖의 연구용 사치품을 필요한 대로 사줄 수 있었던 것은 흡연의 덕분이었던 것이다. 맥길에서의 러더퍼드와 그 후계자들의 칭호는 맥도널드 물리학 교수였다.

∘ 토륨 방사물의 성질

러더퍼드가 맥길에서 이룩한 최초의 발견은 특이한 성질을 가진 새로운 종류의 방사성물질이었다. 그는 토륨이 α선과 β선을 내놓는 것 이외에도 공기로 운반되는 기체와 같은 성질의 방사성물질을 내놓는다는 것을 발견했다. 이것이 기체와 같은 성질을 가졌다는 것은 공기와 더불어 솜 속을 통과해 나가기 때문인데 만일 먼지 알맹이었더라면 통과하지 못했을 것이다. 얼마 후에 그는 프레드릭 소디와 협력해서 이 물질이 극히 낮은 온도에서는 공기로부터 분리, 응축되지만 고온에서는 영향을 받지 않는다는 것을 발견했다. 이 사실은 이 물질이 기체라는 것을 뒷받침하는 또 하나의 증거이기도 하다. 이 물질은 또 화학적으로 불활성, 즉 다른 원소와 결합하지 않는 성질을 가지고 있음을 알게 되었는데 이 사실은 이 물질이 헬륨, 네온 또는 아르곤과 같은 불활성 기체에 속함을 뜻하는 것이다.[17] 불활성 기체는

17 불활성 기체들은 다른 원소들과 화학적으로 결합하지 않는다고 일반적으로 말한다. 근래 화학적인 재주를 부려 이들을 포함하는 화합물들이 만들어졌지만 불활성 기체들은 다른 원소들에 비해 극히 비활성이다.

1원자 분자로 되어 있으며 다른 기체 분자와는 달리 다원자 분자가 아니다. 그 예로 산소와 수소는 한 분자가 두 개의 원자로 되어 있다.

토륨 위를 통과한 공기를 100볼트의 절연 전극이 달린 용기 속으로 흘려보내면 이온화 기체에 특유한 누전을 일으킨다는 것을 전기계로 탐지할 수 있는데 이것은 토륨 방사물의 존재를 증명하는 것이다. 이때 용기 속으로 들어가는 공기의 흐름을 일정하게 해 주면 누전도 일정하게 된다. 그런데 토륨 방사물을 포함한 공기를 용기 속에 봉해서 넣어 두면 새로운 현상이 일어난다. 즉 방사능에 의한 누전은 시간이 흐를수록 늦어져서 마치 방사능이 시간의 흐름에 따라 감소하는 것 같다. 러더퍼드는 이 누전의 감소가 이온이 제거되기 때문에 생기는 현상이 아니라는 것을 밝혀냈다.

그 이유는 용기에다 전혀 전위차를 주지 않고, 즉 하전 알맹이를 옮기지 않고 방사물을 그대로 가만히 방치해 두더라도 방사능은 여전히 마찬가지로 약화되었기 때문이다.

방사능의 감쇠 속도는 매우 빨랐다. 방사능은 처음의 세기에 관계없이 54초마다 그 세기가 반으로 줄어들었다. 이 현상을 설명하는 데는 러더퍼드의 말보다 더 적절하고 간단한 말이 없을 것이다. 즉 토륨에서 분리한 토륨 방사물의 성질에 관하여 그는 1906년에 「처음 54초 사이에 방사능은 반감한다. 두 배의 시간, 즉 108초가 지나면 방사능은 1/4로 줄고 또 162초가 지나면 1/8로 줄며 계속해서 이와 같이 줄어든다. 이 토륨 방사물의 방사능의 감쇠율은 이 물질에 특유한 것으로서 이 성질은 토륨 방사물을 감쇠율이 전혀 다른 라듐이나 악티늄 방사물과 구별하는 물리적 수단으로 삼을 수 있다.」라고 기술했다. 라듐이 방출하는 방사물은 러더퍼드가 토륨 방사물을 발견한 직후에 X선과 방사능에 관해서 많은 연구를 한 유명한 독일의 물리학자 프리드리히 에른스트 도른(Friedrich Ernst Dorn, 1848~1916)이 발견했다. 악티늄 방사물은 이보다 좀 더 후에 발견되었다.

일정한 시간 동안에 감쇠하는 방사능의 분율이 언제나 일정하다는 것은 수학적으로 볼 때 어느 한순간에서의 감쇠율이 그 순간의 방사능의 세기에 비례함을 뜻한다. 어떤 과정에서나 임의의 시각에 어떤 사물의 변화율이 그 순간에 있어서의 그 사물의 양에 비례할 때 이 변화 과정은 지수 함수의 법칙에 따른다고 말한다. 이 지수 함수 법칙은 방사성 변화에서 대단히 중요하므로 간단한 예를 몇 가지 들면서 설명하겠다.

지금 긴 유리 원통 속에 들어 있는 물이 통 밑에 있는 가는 수평관을 통해 서서히 흘러나간다고 생각하자. 이 가는 관을 통해 흘러나오는 물의 유속은 수압에 비례할 것이다. 즉 유속은 원통 안의 수량에 비례할 것이다. 물의 유출 속도가 통 속의 수위가 내려감에 따라 감소하는 것과 똑같은 법칙에 따라서 토륨 방사물의 방사능도 감쇠한다. 그리고 후에 이야기하겠지만 이러한 방사능의 감쇠 법칙은 모든 방사성물질에 적용된다. 예컨대 물이 반으로 주는 데 3분이 걸렸다면 6분 후에는 4분의 1이 남고 9분 후에는 8분의 1이 남을 것이다.

방사성물질의 경우 이러한 감쇠율을 나타내기 위해서는 그 방사능이 반으로 감쇠하는 데 소요되는 시간을 이용하는데 이 시간을 반감기 또는 반쇠기라고 한다. 따라서 토륨 방사물의 반감기는 54초, 라듐 방사물의

〈사진 1〉 왕립학회의 실내에 걸려 있는 러더퍼드의 초상화(1932년에 오스월드 벌리가 그린 것으로, 왕립학회 소장품)

MECHANICAL
VACUUM PUMPS.

MERCURY PUMPS SUPERSEDED.

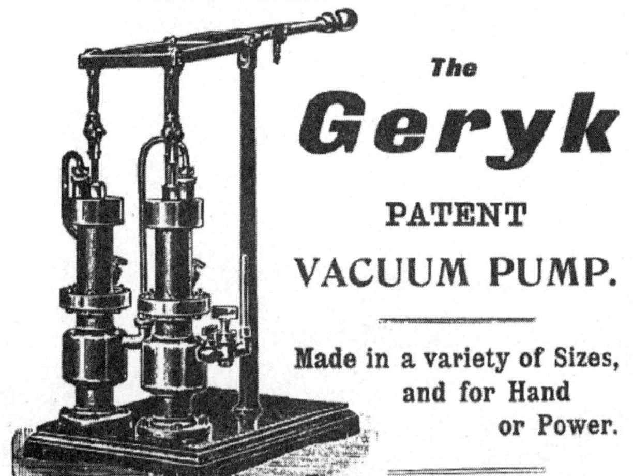

The **GERYK PUMP** gives a Vacuum equal to that obtained by the Sprengel, but in a fraction of the time.

By its aid Röntgen Tubes can be exhausted.

It is indispensable for Experimental and Laboratory Work.

It is in use at a large number of Incandescent Lamp Factories, Technical Schools, &c., and by many of the most noted Scientists.

Write for detailed List—" High Vacuum and How to Obtain It."

Pulsometer Engineering Co., Ltd.

NINE ELMS IRON WORKS, LONDON, S.W.

〈사진 2〉 당시에 사용했던 진공 펌프가 나와 있는 1897년의 광고. 광고문에 나온 대로 뢴트겐관을 진공으로 만드는 데 이것을 사용했다

Advts.]

Apparatus for

. . . "X RAYS" PHOTOGRAPHY.

FOCUS TUBES,

25/- each.

Each tube is tested before being sent out, and will produce brilliant negatives with the shortest exposures.

INDUCTION COILS,

From £8 10s.

FLUORESCENT SCREENS,

Clearly showing the Bones of Hand, Arm, etc.

BICHROMATE BATTERIES,
ACCUMULATORS.

PRICE LIST POST-FREE ON APPLICATION.

☞ **The Apparatus can be Seen and Tested at our Show Rooms.**

G. HOUGHTON & SON,

89, HIGH HOLBORN, W.C.

Telegrams: "Bromide, London."

〈사진 3〉 당시에 사용했던 X광선을 보여 주고, 여기에 필요한 유도 코일과 전지에 관해서 언급한 1897년의 광고

〈사진 4〉 러더퍼드와 함께 연구했을 때의 J. J. 톰슨이 여러 장치 속에 파묻혀 있다(케임브리지 캐번디시 연구소 소장품)

〈사진 5〉 러더퍼드가 있던 시절의 맨체스터의 연구소 건물(건축가의 그림으로부터)

반감기는 3.85일, 그리고 악티늄 방사물의 반감기는 불과 3.9초이다.

이와 같이 시간에 따르는 방사성 감쇠는 근본적으로 새로운 발견이며 방사능의 본질을 이해하는 데 결정적으로 중요한 의의를 갖는 것임이 밝혀졌다. 토륨과 우라늄의 방사능은 발견되었을 당시에는 시간이 경과하더라도 변화하지 않는 것으로 알았었다. 우리는 오늘날 모든 방사성물질의 방사능이 감쇠한다는 것을 알고 있다. 그러나 토륨과 우라늄의 경우에는 그 반감기가 후에 설명하는 특수한 방법으로 정한 바에 의하면 수억 년에까지 이르므로 그 방사능의 변화를 인식하지 못했던 까닭도 충분히 이해가 된다.

러더퍼드의 토륨에 관한 연구로 이야기를 되돌려 보자. 그는 어떠한 물체든 그 화학적 성질에 관계없이 일단 기체 상태의 토륨 방사물과 접촉시켜 주면 스스로 방사성이 된다는 사실을 발견했다. 그는 이 방사능이 얇은 표면층에서 나오며 이 표면층은 녹여낼 수 있고 또 이 녹여낸 용액을 증발시켜 회수할 수 있음을 발견했다. 그 양은 눈에 띄지 않을 정도의 미량이었지만 센 방사능 때문에 그 존재만은 확인할 수 있었다. 그는 이것을 토륨의 방사성 석출물이라고 불렀다. 이 방사성 석출물은 음전기를 띠고 있는 철사와 같은 금속에 모아지므로 양전기를 띠고 있는 것이다.

◦ 뉴질랜드에서 온 신부

토륨 방사물과 그 석출물의 성질에 관한 두 개의 논문은 1899년에 완성되어 1900년 초에 발표되었다. 이즈음 러더퍼드는 뉴질랜드에 돌아가서 메리 뉴턴과 결혼할 계획을 세우고 있었다. 1899년 12월 31일, 그러니까 지난 세기의 마지막 날 그는 그녀에게 「누구나 할 것 없이 내가 뉴질랜드에서 데려올 낯선 사람을 한 번 보겠다고 야단들입니다. 대학인 중에는 당신이 좋아할 사람들도 많을 것이며 그들은 당신에게 도움이 되어줄 것입니다. 전기 공학 교수인 오언즈(Robert Bowie Owens, 1870~1940) 교수[18]는 나의 친한 벗 중의 하나입니다. 그는 내년에 아파트로 옮기려고 하는데 그 주목적은 우리를 식사에 초대하기 위해서입니다. 실제로 그는 이러한 의도로 거실을 설계했다고 하는군요.」라는 편지를 보냈다.

1900년 초여름에 러더퍼드는 예정한 대로 샌프란시스코(San Francisco)를 경유, 뉴질랜드에 가서 결혼했다. 그리고 호놀룰루(Honolulu), 밴쿠버(Vmcouver), 캐나다 로키산맥(Canadian Rockies)으로 신부와 즐거운 여행을 하면서 9월에 귀임했다. 이브의 말에 의하면 그들은 가을에 아담하고 조촐한 집에 살림을 마련했다. 러더퍼드 부부는 여유 있는 때일지라도 늘 경제적인 생활을 했다. 1901년 3월에는 그들의 무남독녀인 아일린 메리(Eileen Mary RuAerford)가 태어났다. 20년 후에 그녀는 저명한 물리학자 파울러(Raiph Howard Fowler, 1889~1944)와 결혼했다. 파울러는 1944년에 세상을 떠났으며 그녀는 1930년에 젊은 나이로 죽었다.

딸이 태어났을 무렵 러더퍼드는 공석 중인 에든버러 대학(Edinburgh) 물리학 교수에 입후보하려고 생각 중이었다. J. J. 톰슨은 그에게 편지를

18 이야기 끝이기는 하지만 러더퍼드는 그와 공동으로 토륨과 우라늄의 방사선에 관한 짧은 논문을 발표했었다.

보내 만약 영국에 돌아오고 싶으면 응모하는 것도 좋지만, 그 지방 사람이 입후보를 하고 있는 데다가 물리학을 전혀 이해하지 못하는 지방 사람들이 선거를 하기 때문에 별반 가능성이 없다고 충고했다(이러한 일은 물론 오늘날에는 있을 수 없는 것이고 또 그래야 마땅하다). 톰슨은 또한 식민지에서 과학 연구자들이 맛보는 외로움도 충분히 이해한다고 말하고 있다. 결국 러더퍼드는 응모를 단념하고 말았다. 그는 곧 그의 이름을 전 과학계에 떨치게 한 연구에 첫발을 내디뎠다. 그리고 재능이 뛰어난 협력자들이 사방에서 몰려 왔기 때문에 그의 고독감도 한결 줄어들었다.

◦ 소디와의 협력

특히 유익하고 또 다행이었던 것은 소디와의 협력이었다. 소디는 1877년 9월 2일에 출생했으며 러더퍼드보다는 여섯 살 아래였다. 그는 옥스퍼드 대학을 졸업했는데 화학에 대해서 상당한 흥미를 가지고 있었다. 그는 23세 때 교수 자리를 구하러 토론토(Toronto)에 갔다가 실패하고 1900년 5월에 맥길 화학 교실의 조수가 되었는데 그는 훌륭한 실험실 설비에 끌렸다고 한다. 그해 9월에 그는 러더퍼드와 만났는데 마침 그 해에 러더퍼드의 토륨에 관한 첫 번째 논문이 발표되었다. 이 두 사람의 공동연구는 이때부터 시작되어 원자의 본질에 대한 기성 개념에 일대 혁명을 일으키고 방사능에 관한 전혀 새로운 지식을 밝혀내게 되었다.

이 두 사람의 협력은 참으로 다행한 것이었다. 방사성 원소를 분리하는 데는 화학에 관한 깊은 지식이 필요한데 러더퍼드는 화학을 깊이 배우지 않았지만 이온화법에 의한 방사능의 측정이라든가 이 목적의 장치를 설계하거나 그것을 취급하는 데 있어서는 보기 드문 재능을 가지고 있었다. 소디는 뛰어난 화학자였지만 방사능의 측정에 관해서는 전혀 경험이 없었다. 이 두 사람은 실험에 여념이 없었을 뿐만 아니라 원자의 개념에 대해서도 많은 관심을 가지고 있었다. 더욱이 그들은 둘 다 천재적인 인물이었다.

러더퍼드와 소디가 행한 최초의 연구는 토륨에 관한 것이었는데 화학자의 협력의 효과가 뚜렷이 나타났다. 그들은 우선 그들이 토륨 X라고 명명한 센 방사성물질이 간단한 화학 조작에 의해서 토륨으로부터 분리된다는 것을 알아냈다. 크룩스가 이미 우라늄으로부터 어떤 방사성물질을 분리하여 이것을 우라늄 X라고 명명했기 때문에 토륨으로부터 분리한 것에도 비슷한 이름을 붙였다. 이 토륨 X의 성질과 토륨 X를 제거하고 남은 토륨의 성질이 러더퍼드와 소디에 의해서 새로운 방사능 이론의 골자를 이루고 있는 바 이 이론의 중요성은 아무리 과대 평가를 해도 지나치지 않을 정도이다.

「방사능의 기원과 본질」이라는 두 편의 논문에 실린 이론을 조금 소개하겠다. 이 두 논문의 서론에 나와 있는 바와 같이「방사능에는 새로운 물질이 끊임없이 만들어지는 전기적 변화가 수반되고 있음이 밝혀졌다.」그런데 당시의 통념으로는 천지 창조 이후에는 새로운 물질이 만들어질 수 없다고 믿어 왔다는 것을 잊어서는 안 될 것이다.

그들의 새로운 원리의 실험적 근거는 이미 이야기한 바와 같이 러더퍼드가 그리고 이어서 소디와 공동으로 주의 깊게 조사한 토륨의 성질이었다. 토륨 X는 화학적 조작 특히 암모니아로 침전시키는 조작을 통해 토륨으로부터 제거해 줄 수 있는데 토륨의 방사능의 대부분은 이 토륨 X에 기인하는 것이다. 따라서 이 물질은 토륨과 화학적 성질이 분명히 다르다. 그런데 이 물질의 양은 대단히 적으며 화학적 성질이 똑같은 상당량의 잔류물과 함께 존재한다. 토륨 X를 제거한 토륨은 그 방사능이 점점 회복되며, 분리된 토륨 X는 지수 함수의 법칙에 따라서 그 방사능이 약해진다. 그리고 이 방사능의 반감기는 약 4일이며 같은 4일 동안 토륨은 그 방사능의 반을 회복한다.

러더퍼드와 소디는 토륨이 일정한 율로 토륨 X를 생성함으로써 그 방사능을 회복한다. 한편 이와 같이 생성된 토륨 X는 방사성물질에 고유한 지수 함수의 법칙에 따라서 붕괴된다고 생각하면 토륨의 성질이 잘 설명된다는 것을 보여 주었다. 그리하여 토륨 X를 제거한 토륨에서부터 출발할 경우 토륨 X의 양이 증가함에 따라 그 붕괴 속도가 점차 빨라질 것이며, 그리하여 마침내 붕괴되는 양과 생성되는 양이 같아져서 평형 생태가 이루어질 것이다. 이것은 방사성물질의 붕괴량이 그때 존재하는 그 물질의 양에 비례하기 때문이다. 이것을 비유하기 위해 밑에 작은 구멍이 뚫린 용기에 일정한 속도로 물을 서서히 부어 넣는 경우를 생각해 보자. 용기에 수위가 올라감에 따라 밑부분의 수압이 증가하여 유출 속도와 유입 속도가 같아지면 수위는 일정한 값에 머물게 될 것이다. 토륨 X가 일정한 속도로 생성되는 것은 토륨이 대단히 느리게 붕괴되기 때문이다. 실제로 토륨도 다른 방사성 원소들과 마찬가지로 붕괴되지만 그 반감기는 수십억 년이나 된다. 따라서 사람을 기준으로 한평생 동안에 붕괴되는 양은 대단히 적으며 거의 눈에 띄지 않을 정도이다.

이 이론의 골자를 추려보면 다음과 같다. 첫째로 토륨 X는 토륨과는 전혀 다른 화학적 성질을 갖는 하나의 원소이며 둘째로 붕괴 속도를 비롯한 일반적인 방사능의 성질은 화학 결합의 영향을 받지 않으므로 방사능은 원자의 고유한 성질이라고 생각할 수 있다. 셋째로 토륨 X가 일정한 속도로 생성되는 것은 토륨이 눈에 띄지 않을 정도의 느린 속도로 붕괴하여 토륨 X로 변하기 때문이라고밖에는 설명할 도리가 없다. "따라서 방사능은 원자적인 형상이고 이 현상은 새로운 형태의 물질이 생성되는 화학적 변화를 수반하므로, 이러한 변화는 원자 내부에서 일어나는 것이 확실하며 방사성 원소는 자연 붕괴를 일으키는 것이 분명하다"라고 그들은 말했다.

그들은 얼마 안 가서 이 원리를 이른바 〈붕괴 이론〉으로 더욱 발전시켜 토륨의 방사능이 나타내는 여러 성질을 설명하는 데 성공했다. 토륨 X가 토륨 방사물의 원인이 된다는 것을 증명하고 또 토륨 방사물이 방사성 침전물을 만든다는 것은 알았지만 이 둘이 어떤 방사성 붕괴를 하는지는 모르고 있었다.

이 원자적 변화의 생각은 방사성 붕괴의 속도가 온도의 영향을 전혀 받지 않는다는 실험적 사실에 의해서 확증되었다. 즉 보통의 화학 반응의 속도는 온도에 따라서 크게 변한다. 러더퍼드와 소디는 토륨의 경우에 적용시켰던 개념이 라듐과 라듐 방사물은 물론 우라늄과 우라늄 X의 경우에도 그대로 적용된다는 것을 밝혀냈다.

∘ 알파선과 감마선의 성질

방사선 변환에서 가장 관심을 모았던 문제는 α선과 γ선의 본질이었다. 물리학 교과서에는 그저 간단히 α선은 전자의 전하를 단위량으로 취할 때 두 단위[19]의 양전하를 갖는 헬륨 원자이며 γ선은 X선과 같은 종류의 방사선이라고만 소개하고 있지만 러더퍼드와 그의 공동 연구자들이 이 사실을 밝혀내는 데는 다년간의 힘든 노력이 필요했다. 이와 같이 간단하게 보이는 문제를 해결하는 데도 얼마나 많은 노력이 필요했던가를 보이기 위해 α선의 정체를 밝혀내게 된 내력을 간단히 설명해 보겠다.

러더퍼드가 α선을 발견했을 때는 그 투과력이 대단히 약했기 때문에 여기에 특수한 이름을 붙이게 되었다. 즉 β선은 100분의 수 ㎝ 정도의 두께를 갖는 금속판을 통과하며 또 γ선은 이보다도 더 센 투과력을 나타냈는데 α선만은 불과 5~8㎝ 두께 정도의 공기로도 충분히 흡수가 되었다. 자기장에 의해서 α선을 휘게 해 보려는 처음 시도는 성공하지 못했다. α선이 발견된 지 4년 후인 1903년에야 비로소 러더퍼드는 α선을 몇 개의 가는 평행 슬릿(parallel slits)에 통과시켜 이것이 전기장이나 자기장에 의

19 오늘날 우리들은 알파 알맹이가 헬륨핵이라는 것을 잘 알고 있지만 러더퍼드가 원자의 구조를 밝혀낸 것은 맥길 시절부터 훨씬 후의 일이다.

해서 휜다는 것을 증명하는 데 성공했다. 이 경우에 α선이 조금이라도 휘기만 하면 가는 슬릿을 둘러싼 금속판에 부딪히게 되기 때문에 슬릿을 통과하지 못한다. 그 휘는 방향으로 보아 α선은 양전기를 띠고 있음을 알았다. α 알맹이의 속도는 먼저 J. J. 톰슨의 전자 실험에 관해서 이야기했을 때 설명한 바와 같이 전기장과 자기장에 의한 휘어짐을 측정하여 구할 수 있는데 라듐으로부터 나오는 방사선의 경우에는 그 값이 광속의 약 10분의 1이었다. 이렇게 해서 전하의 질량에 대한 비(e/m)가 수소 원자의 경우의 약 반이라는 것이 판명되었다. 그리고 그 결과 만일 전하가 양전기이기는 하지만 전자의 전하와 같은 크기라면 질량은 수소 원자의 2배가 되지 않으면 안 된다고 러더퍼드는 생각했다.

그리하여 질량의 문제를 확실하게 해결하기 위해 α 알맹이의 전하를 측정할 필요가 있었다. 그러나 이것은 대단히 어려운 일임을 알게 되었으며 1908년에 이르러서야 비로소 만족할 만한 결과를 얻게 되었다. 즉 이때 러더퍼드는 맨체스터로 옮겨가서 가이거와 협력하여 실험 장치를 고진공(high vacuum)으로 하고 자기장을 걸어서 성가신 전자를 옆으로 몰아내고 γ선의 영향을 참작하는 등의 방법을 써서 α 알맹이의 전하가 전자의 전하의 두 배임을 알아냈다. 이것은 α 알맹이의 질량이 수소 원자의 4배, 즉 헬륨 원자의 질량과 같다는 것을 나타내는 확실한 증거였다. 그러나 이보다 훨씬 전인 1904년에 벌써 러더퍼드는 α 알맹이가 방사성 붕괴의 각 단계에서 방출되는 헬륨 원자임에 틀림없다고 말했다.

같은 결론에 도달한 또 하나의 연구는 분광학에 의한 방법인데 이 방법은 기체가 방전이나 고온에 의해서 내놓는 빛을 자세히 조사하는 것이다. 이러한 빛은 각 기체에 따라 특이하며 진동수, 즉 파장이 다른 몇 가지 빛으로 되어 있다. 분광기라고 부르는 기구를 쓰면 진동수가 다른 빛을 스크린 위에다 각각 다른 위치로 분산시켜 줄 수 있다. 즉 스크린 위에 극히 좁은 띠들이 나타나는데 각 띠는 특정한 진동수를 갖는 빛에 해당한다. 바꾸어 말하면 발광 기체에 고유한 특정 진동수의 빛들이 스크린 위의 고유한 위치에 밝은 선(bright line)으로 각각 나타나는데 이것을 그 기체의 스펙트럼이라고 부른다. 그리고 정확하게 측정된 위치에 나오는 한 줄기의 밝은 스펙트럼선은 이 스펙트럼을 나타내는 기체의 증거로 삼을 수가 있다. 1868년에 로키어(Norman Lockyer, 1836~1920)는 태양의 바깥 부분, 즉 채층(chromosphere)의 스펙트럼 속에서 알려진 원소에 속하지 않는 어떤 밝은 선을 발견했다. 이 선은 태양에만 존재하는 알려지지 않은 원소의 일종일 것이라고 생각하여 헬륨이라고 명명했는데, 이 이름은 그리스어 helios에서 딴 것이며 태양을 뜻한다. 1895년에는 유명한 화학자 윌리엄 램지가 우라늄광인 클레바이트(cleveite) 속에 함유된 기체를 조사하다가 가상의 태양 원소에 고유한 스펙트럼선을 발견했다. 이것은 지구에 기원을 갖는 헬륨으로서 오랜 세월에 걸쳐 우라늄으로부터 방출되어 광물 속에 붙잡혀 있던 α 알맹이라는 것이 후에 판명되었다. 헬륨은 또 천연 기체 속에도 포함되어 있으며 미국에서는 대규모로 분리 채집을 하고 있다.

1903년에 소디는 영국으로 돌아가 램지와 함께 일하게 되었다. 그들은 라듐이 방출하는 극미량의 기체 속에서 방전을 시키면 그 스펙트럼 속에는 이미 알려진 기체에 의한 스펙트럼선뿐만 아니라 헬륨에 고유한 스펙트럼선이 나타난다는 것을 발견했다. 이 실험은 라듐으로부터 헬륨이 방출된다는 것을 나타내는 데는 충분하지만 속도가 떨어진 α 알맹이가 바로 헬륨이라고 단정하기에는 부족한 것이었다. 러더퍼드는 영국으로 돌아간 다음 1908년에 로이즈(Thomas D. Royds, 1884~1955)와 공동으로 마침내 이 문제에 대한 최종 결말을 내렸다. 즉 그는 고속의 α 알맹이를 방출하는 라듐 방사물을 유리관 속에 싸서 넣었는데 이 유리관의 두께는 만 분의 수 ㎜ 정도로서 α 알맹이가 충분히 통과해 나갈 수 있을 정도였다. 이 유리관을 조금 더 큰 다른 유리관 속에 넣고 이 바깥 관 속에 생긴 극미량의 기체를 수은을 이용해서 가는 관 속에 압축해 넣었다. 이 압축 기체 속에서 방전을 시켰더니 헬륨에 특유한 선 전부를 나타내는 스펙트럼이 나타났다. 그런데 헬륨 기체를 내부관에 넣었을 때는 이러한 스펙트럼이 나타나지 않았다. 따라서 헬륨이 외부관에 나타난 것은 헬륨이 내부관으로부터 기벽을 통해 확산해 나온 것이 결코 아니며, 고속의 헬륨 원자가 관벽을 뚫고 나왔기 때문이다. α 알맹이는 헬륨 원자였던 것이다. 이 결정적인 증명은 러더퍼드가 α선을 발견하고 나서 10년이 지난 다음에야 겨우 성공한 셈이다. 지금까지 기초 연구라는 것이 어떤 것인가를 여러분에게 알려주고 싶은 심정에서 이렇게 긴 이야기를 하고 말았다. 결국 러더퍼드가 맥길에 있던 1902년보다 이야기가 훨씬 더 앞서 나갔는데 여기서 다시 이야기를 되돌려 보는 것이 좋겠다.

그러나 그보다도 먼저 γ선에 관해서 한마디 하기로 하자. γ선의 정체를 최종적으로 밝혀내는 데도 역시 오랜 시일이 걸렸다. 처음에는 이 방사선을 그저 〈투과력이 극히 센 선〉이라고만 불렀었는데 1903년 초에 러더퍼드가 처음으로 γ선이라고 명명했다. 그리고 당시 그는 이 방사선이 일종의 X선인지 광속도에 가까운 빠른 속도의 전자인지 또는 전하를 갖지 않은 알맹이인지 그 본질을 알아내기가 어렵다고 말했었다. 왜냐하면 이러한 세 가지의 방사선은 모두 자기장에 의해서 거의 휘어지지 않기 때문이다. 1906년에 이르러 러더퍼드는 γ선이 X선과 같은 종류의 것이라고 확신하게 되었다. 그러나 러더퍼드와 내가 이 문제를 최종적으로 해결한 것은 1914년의 일이었다. 당시 새로 발견된 X선 결정 해석 방법을 이용하여 γ선의 파장을 측정하고 그 본질은 X선과 같지만 파장이 보통의 X선보다도 짧다는 것을 알아냈다.

이미 이야기한 바와 같이 러더퍼드는 기본적인 물리학 문제에 대하여 정확한 판단을 내릴 수 있는 천부의 재능을 지니고 있었고 α선과 γ선의 본질이 확증되기 전에 이미 그것을 확신하고 그 신념에 따라서 입증해 나갔다. 그 대표적인 예를 들어 보면 1905년에 그는 오토 한(Otto Hahn, 1879~1968)에게 「자네도 알다시피 소디는 α 알맹이가 본래는 전기를 띠지 않은 것이라고 말하네. 내 눈으로 직접 보고 나서야 전적으로 믿겠네.」라고 써 보냈었다.

∘ 방사성 붕괴의 이론

이야기가 옆으로 빗나가기는 했지만 이것으로써 억측으로부터 확신을 얻게 되고 이어서 이 확신이 진실로 받아들여지게 되기까지의 과정이 어떤 것인가를 알게 되었으리라 믿는다. 또한 아무리 간단하게 보이는 사실들이라도 그 이면에는 유능한 학자들의 오랜 세월에 걸친 끈질긴 연구가 있었다는 것을 알게 되었을 것이다. 이 이야기는 러더퍼드가 일단 의문을 품게 되면 그것을 완전히 해결할 때까지 조금도 손을 늦추지 않았음을 나타내고 있다. 그러면 이제 러더퍼드와 소디, 그리고 그들의 획기적인 방사성 붕괴의 이론으로 이야기를 되돌려 보자.

방사능학의 기초를 마련한 두 편의 논문 「방사능의 원인과 본질」을 발표한 다음에 러더퍼드와 소디는 방사능에 관한 연구를 더 한층 발전시켜 그 이듬해에 「방사성 변화」라는 논문을 발표했다. 그들은 재차 방사능은 그 본질에 있어 이미 알려진 물리적 변화와 전혀 다르다고 주장했다. 즉 「현재까지의 지식으로 볼 때 방사능은 인력이 미치는 범위에서 완전히 벗어난 변화에 의한 것이라고 보지 않을 수 없다. 즉 방사능은 창조되거나 변화되거나 파괴되지 않는다.」라고 기술했다. 그들은 또 세 가지 방사성의 어미 원소가 있는데 이들은 우라늄, 토륨 및 라듐이라고 주장했다. 그러나 후에 라듐은 우라늄의 붕괴 생성물임을 알게 되었다. 그들은 각 어미 원소로부터 연달아 α 알맹이가 방출되면서 차례로 형성되는 일련의 원소들을 추적했다. 그리고 이 뛰어난 논문에서 특히 놀라운 사실은 당시 그들이 수소 원자 정도의 질량을 갖는 무거운 알맹이라고 생각했던 α 알맹이의 에너지를 논했다는 것이다. 앞에서도 이야기한 바와 같이 α 알맹이가 헬륨 원자와 같은 것이라는 사실은 미처 모르고 있었다. 이 에너지는 α 알맹이의 속도와 러더퍼드가 전에 구한 전하 대 질량의 비로부터 구했다. 그들은 우선 α 알맹이의 전하가 전자의 그것과 같다고 보았는데 뒤에 가서 이 값은 실제 값의 반이라는 것이 밝혀졌다. 그러나 실제로 문제가 되는 것은 반응에 관여하는 에너지의 대략적인 값, 즉 그 크기 정도뿐이었다.

방사성 변화의 상세한 과장을 완전히 밝혀내지는 못했지만 라듐의 경우 α 알맹이의 방출에 수반되는 다섯 가지 변화 단계는 추적했다. 그리하여 라듐 원자의 붕괴에 수반되는 에너지의 최젓값을 구할 수 있었다. 이 최젓값은 α 알맹이의 에너지의 5배에 해당한다.[20] 원자의 질량은 이미 만족스러울 정도로 추산이 되었기 때문에 1gm의 라듐 속에 들어 있는 원자의 수도 대체로 알 수 있었다. 따라서 1gm의 라듐이 붕괴될 때 내놓은 전체 에너지를 계산할 수 있게 되었고 그 값이 1억 그램칼로리 이상이라는 것을 알게 되었다. 이와 반대로 산소와 수소로부터 물이 생기는 것과 같은 보통 화학 반응에서 생기는 에너지는 1gm마다 약 4,000그램칼로리에 불과하다. 그리하여 원자 자신의 변환에 수반되는 에너지는 원자의 특성이 그대로 유지되는 화학 변화의 에너지보다 훨씬 더 크다는 것이 이 계

20 알맹이의 에너지는 다섯 단계마다 모두 다르지만 이런 목적의 대략적인 계산에서는 그 차가 별로 문제 되지 않는다.

산을 통해 밝혀졌다. 이것은 대단히 중요한 결론이다.

한 개의 이온을 만드는 데 필요한 에너지는 대체로 알고 있었기 때문에 이온화 작용으로부터 일정량의 우라늄이나 토륨이나 라듐이 에너지를 방출하는 속도를 구할 수 있었다. 이 세 방사성 원소의 각 1gm이 방출하는 전체 에너지는 앞서 이야기한 바와 같이 α 알맹이의 에너지로부터 구해지기 때문에 그 수명을 계산할 수 있었다. 이러한 계산의 결과 라듐의 반감기는 약 1000년, 우라늄과 토륨의 반감기는 다 같이 약 10억 년이었다. 이미 이야기한 바와 같이 이 세 원소로부터 각각의 계열의 바로 다음 원소가 생기는 속도가 시간이 경과하더라도 감소하지 않는 이유는 그들의 수명이 이렇게 길기 때문인 것이다.

「방사성 변화」라는 논문의 마지막 구절에 다음과 같은 주목할 만한 말이 있다. 즉 「이 모든 고찰로부터 원자 속에 잠재하는 에너지는 여느 화학 변화에서 유리되는 에너지보다 막대함에 틀림없다는 결론을 얻게 된다. 그런데 방사성 원소는 화학적 성질에 있어서나 물리적 성질에 있어서도 다른 원소와 조금도 다르지 않다. 방사성 원소는 화학적 성질에 있어서는 주기율표에서 같은 족의 비방사성 원소와 흡사하지만, 반면에 방사능과 연관시킬 수 있는 화학적 공통 성질은 가지고 있지 않다. 따라서 이 막대한 에너지를 방사성 원소들만이 갖는다고 믿을 수는 없다. 예컨대 태양 에너지도 성분 원소의 내부 에너지로부터 나오는 것이라고 생각한다면, 바꿔 말해서 원자 내부의 변화 때문에 나오는 것이라고 생각하면 별다른 문제 거리는 되지 않을 것이다.」라고 기술되어 있다. 이것은 1903

년의 일이었으니 실로 놀라운 일이다. 시카고(Chcago)에 있는 엔리코 페르미(Enrico Fermi, 1901~54)의 원자로에서 대규모로 원자 에너지를 방출시키는 데 성공한 것은 겨우 1942년의 일이었다. 그리고 한스 베테(Hans Bethe, 1906~2005)가 태양 에너지의 원인이라고 볼 수 있는 원자 변환의 순환 과정을 생각해 낸 것은 1937년이었다. 이렇게 먼 앞일까지도 내다볼 수 있는 것이 바로 천재인 것이다.

재미있는 일은 케임브리지의 저명한 물리학자 윌리엄 댐피어(W. C. Dampier-Whetam, 후에 집안 사정으로 윌리엄 댐피어로 개명했다)는 당시 러더퍼드에게 보낸 편지에서 「만약 적당한 기폭제가 발견된다면 원자 붕괴의 파문을 물질 속으로 퍼지게 하여 이 오래된 세계를 연기로 사라지게 할 수도 있을 것이라는 당신의 우스꽝스러운 시사」라고 말했다. 그는 또 딴 곳에서 러더퍼드를 조롱하는 말로 「실험실에 바보가 있는데 무심코 세계를 폭발시켜 날아가게 할지도 모르겠다.」라고 했다. 오늘날에 와서는 이러한 시사가 농담으로 들리지는 않을 것이다.

이와 같이 원자의 성질이 끊임없이 변하고 있다는 생각은 말할 것도 없이 당시의 지도적 물리학자들의 일반적인 신념과 전혀 상치되는 것이었다. 19세기 최대의 물리학자의 하나이며 또 한 위대한 혁신적 인물이기도 했던 맥스웰은 당시의 신념을 다음과 같이 분명하게 기술했다. 즉 그는 「따라서 원자의 생성은 우리가 살고 있는 자연의 질서와 맞지 않은 사건이다. 천지개벽 이래 지구상에서나 태양에서나 또는 별에서도 이러한 현상은 일어나지 않는다. 즉 이 현상은 지구 또는 태양계의 형성기에 일어났던 것이 아니라 그보다 더 먼 현존 자연의 질서가 확립된 시기에 일어났던 일임에 틀림없다. 따라서 이 세상이나 우주가 없어지기 전까지는, 아니 자연의 질서 그 자체가 없어지기 전까지는 이런 현상이 일어날지도 모른다는 염려는 전혀 할 필요가 없다.」라고 기술했다. 이것은 1875년에 쓰인 것이지만 러더퍼드와 소디가 연구에 종사하고 있을 당시의 학생들이 배웠던 내용을 잘 나타내고 있다.

∘ 왕립학회 회원 피선

방사능의 본질에 관한 논문이 발표되자 당시의 좁은 과학계에서는 일대 선풍이 일어났으며 보다 더 광범위한 층에서도 흥미를 갖게 되었다. 「방사성 변화」라는 논문이 발표되기 직전인 1903년 5월에 러더퍼드는 영국을 여행했는데 떠나기 직전에 왕립학회 사무국장이었던 조지프 라머(Joseph Larmor, 1857~1942)는 그에게 편지를 보내 「신문까지도 방사성 이야기로 가득해 당신은 아마도 올해의 인물이 될 것 같습니다. 당신은 또한 Phil. Mag.의 대부분을 독점하고 있군요.」라고 말했다. Phil. Mag.은 이미 이야기한 바 있는 《철학잡지》의 약칭이며 발표될 때까지의 시간이 빠르기 때문에 새로운 물리학 논문들은 대부분 여기에 발표되었다. 그 해 그러니까 1903년 6월에 러더퍼드는 F. R. S.에 선출되었다. 여기에 피선된 사람은 과학계의 인정을 받은 것이 되므로 누구나가 바라는 명예인 것이다. 그렇지만 이보다 4년 전에 메리 뉴턴에게 「나는 F. R. S.를 마음에 그리고 있는데 너무 오래 기다리지 않아도 될 것 같습니다.」라고 써 보낸 일이 있으며 피선되어서도 별로 놀라는 기색이 없었다. 그때 그는 31세로 대단히 젊은 회원이었다. 소디는 이보다 7년 뒤인 32세 때 피선되었다. 러더퍼드는 영국에 체제하는 동안에 영국 과학진흥협회의 연회에서 방사능학 분야의 이미 알려진 사실을 약술한 다음, 방사성물질로부터 나오는 방사물에 관하여 토론을 가졌다. 붐비는 청중 속에는 당시 영국의 대표적 과학자들이 많이 있었다. 당시의 과학계의 거장인 올리버 로지는 붕괴설을 찬성하는 말을 했지만 켈빈 경(Lord Kelvin, 원래의 이름 William Thomson, 1824~1907)이 쓴 비평도 또한 소개했다. 켈빈 경은 그때 79세로서 영국 물리학계의 대선배였다. 그는 라듐의 에너지가 원자 변환에서 나온다고는 믿어지지 않으며 에테르 속의 파동으로부터 나오는 것이 틀림없다고 생각했다. 에테르는 당시에 생각했던 가상의 물질로서 공간에 꽉 차서 광파를 전달한다고 생각했다. 켈빈은 또 γ선은 라듐의 증기에 지나지 않는다고 생각했다. 유명한 화학자 암스트롱(Henry Edward Armstrong, 1848~1937)은 항상 새로운 이론에 인색했던 사람으로서(아레나어스가 주장한 액체 중의 이온의 존재를 절대로 믿지 않았다) 그는 켈빈의 의견으로 기울어져서 어떤 원자의 붕괴도 인정하려 들지 않았다.

이상의 이야기는 러퍼더드와 소디의 생각이 절대로 유리한 증거를 가지고 있는데도 불구하고 이것을 일반에게 납득시킬 수 없었다는 사실을 보여 주기 위한 것에 불과하다. 고전학파의 다수 인사들이 원자 불멸의 원칙을 포기한다는 것은 참으로 용이한 일이 아니었다. 캘빈은『방사능』

(Radio-activily)이라는 러더퍼드의 저서를 누구보다도 많은 시간을 들여서 읽은 셈이었다고 말하면서 그 후 3년이 지나도록 러더퍼드와 소디가 제창한 붕괴설과 그 결론에 반대론을 폈다.

방사능에 관한 이 책은 1904년 초 케임브리지 대학 출판부에서 출판되었다. 이 책은 방사능 전반에 걸친 당시의 지식을 깨끗하고 간명하게 해설했으며 이 분야에 관한 다른 사람들의 연구에 대해서도 일일이 충분한 소개를 해 놓았다. 이 책은 대단히 평이 좋아서 그다음 해에는 상당히 증보가 된 제2판이 나왔다. 「러더퍼드는 이 분야에 관한 우리의 지식 범위를 확대시켰을 뿐만 아니라 하나의 새로운 영역을 덧붙여 놓았다.」라는 J.J. 톰슨의 말은 이 책의 영향을 잘 나타내고 있다.

◦ 방사성 붕괴에 관한 베이커 강연

캐나다로 돌아온 다음 러더퍼드는 세인트루이스에서 열린 미국 과학진흥협회(American Association for the Advancement of Science) 회합에서 라듐에 관하여 같은 내용의 강연을 해서 대성공을 거두었다. 그리고 몇 달 뒤에 그는 왕립학회에서 베이커 강연을 하라는 지명을 받았다. 갓 선출된 회원에게는 좀처럼 부여되지 않는 영예였다. 이 강연은 1775년에 개설된 것으로, 강연자에 대한 보수의 기금을 헨리 베이커(Henry Baker)라는 사람이 기증했기 때문에 이러한 이름이 붙었다. 러더퍼드는 이 강연을 하기 위해 1904년 5월에 영국을 방문했다. 강연 제목은 「방사성물질의 변화 계열」이었으며 인쇄된 것에는 25,000단어가 수록되어 있었다. 강연의 대부분은 방사성 붕괴의 기본적인 사실에 대한 해설이었으며 이미 많은 토의가 되었던 것이었다. 당시에는 라듐, 토륨, 우라늄 및 악티늄의 네 원소를 방사성 붕괴 계열의 출발물로 생각하고 있었는데 라듐의 반감기는 1,000년 정도였으므로 10만 년 전에 생긴 라듐은 전부 소멸되어 버렸어야 했다. 따라서 라듐은 수명이 대단히 긴 어떤 다른 방사성물질로부터 나와야 한다는 것이 중요한 문제점이었다. 러더퍼드는 우라늄이 라듐의 조상으로서 가장 적절한 자격을 갖추고 있지만 실험적인 근거는 없다고 설명했다. 더 나아가서 만일 우라늄이 라듐의 어미 원소라면 여러 우라늄 광물 속에 들어 있는 라듐의 양이 우라늄의 양에 비례할 것이라고 지적했다.

얼마 후에 러더퍼드, 볼트우드(B. B. Boltwood, 1870~1927) 및 R. J. 스트럿은 공동으로 또는 독자적으로 라듐양과 우라늄양 사이의 이 비례 관계 문제를 연구했다. 그중에서도 볼트우드가 가장 완전한 결과를 얻었는데, 그는 우라늄 함량이 75%에서 1% 미만인 광물 21종을 세계의 7개 지역의 산지로부터 입수해 가지고 이 광물들 속에 들어 있는 라듐양과 우라늄양의 비가 전부 같다는 것을 밝혀냈다.

러더퍼드는 또 이 베이커 강연에서 방사성 축차(successive) 변환에 의해 생성되고 소멸되는 물질의 방사능에 관한 수학적 이론을 발표하고 아울러 라듐, 토륨 및 악티늄에서 각각 출발하는 복잡한 일련의 생성물들을 분류했다. 그는 한 계열 안에서는 어미 원소가 하나의 새로운 원소를 만들어내고 다시 이 원소가 다른 원소를 만들어내는 축차 변환의 이론에 대한 실험적 근거를 제시했다. 즉 라듐으로부터 나온 라듐 방사물은 3.85일의 반감기를 가지고 α를 방출하여 라듐 A로 변한다. 이 라듐 A는 불과 3분의 반감기로 α선을 내놓으면서 라듐 B가 되고 라듐 B는 반감기 28분의 무방사 변환(Rayless Change)에 의해서 라듐 C로 변한다. 이 세 가지 물질은 물론 방사성 침전물 속에 들어 있다.

그는 또 라듐 C는 21분의 반감기를 가지고 α선, β선 및 γ선을 내놓으면서 반감기 40년의 라듐 D, 반감기 6일의 라듐 E 그리고 반감기 143일의 라듐 F로 되며 붕괴 속도가 느린 물질들도 방사성 침전물 속에 들어 있음을 밝혀냈다. 라듐 D로부터 E로 되는 변화는 무방사이다. 라듐 E의 변환에는 β와 γ선이 수반되며 라듐 F는 α선을 방사한다. 그 후에 계속된 연구에 의해서 반감기의 값들이 다소 변화하기는 했지만 큰 변화는 없었다. 즉 라듐 D의 반감기는 40년에서 25년으로 변했고 무방사 변환은 β선을 수반한다는 것이 밝혀졌다. 실제로 무방사 변환이라는 것은 있을 수 없다. 그러나 일반적 해석은 러더퍼드가 확립한 방식을 따라서 이루어졌다. 말이 나온 김에 하는 이야기지만, 그는 라듐 F가 바로 퀴리 부인이 발견한 폴로늄이라는 것을 밝혀냈다. 또한 마르크발트(Willy Marckwald)는 이 원소가 피치블렌드에서 분리한 텔루르(tellurium) 원소에도 섞여 있다는 것을 발견하고 방사성 텔루르라고 불렀다. 이런 이야기를 하게 된 것은 다만 당시에 많은 혼동이 있었고 이러한 혼동이 정리되지 않으면 안 되었다는 것을 보이기 위해서이다.

얼마 안 되어 라듐 F는 α 알맹이를 방출하고 이 계열 최종의 물질이며 방사능이 없는 납의 일종으로 된다는 것을 알게 되었다. 이 문제에 대해서는 후에 다시 이야기하게 될 것이다. 비슷한 방법으로 러더퍼드는 토륨의 방사성 침전물을 분석하여 축차 변환 생성물인 토륨 A, B, C를 찾아냈고, 또 악티늄 침전물로부터 악티늄 A, B, C를 찾아냈다. 후에 토륨 C와 악티늄 C는 각각 그 계열의 최종 방사성물질들이며 계열의 최종 물질은 역시 납의 일종임이 밝혀졌다. 방사성 붕괴에 관한 그 후의 이론은 모두 이 베이커 강연에서 그가 기초를 다져놓은 것이라고 할 수 있다.

∘ 지구의 연령

이 영국 방문 기간 중에 러더퍼드가 논한 또 하나의 제목은 지구 속에 들어 있는 방사성 원소가 긴 세월에 걸쳐 내놓은 열과 지구의 추정 연령 사이의 관계이다. 피에르 퀴리와 라보르드(A. Laborde)는 라듐이 항상 그 주위보다 따뜻하다는 것을 발견했다. 그리하여 러더퍼드는 처음에는 단독으로, 그리고 후에는 반즈(H. T. Barnes)와 공동으로 붕괴 생성물과 평형에 있는 라듐의 열효과와 그 방사물의 열효과를 측정했다. 반즈는 방사능에 관한 경험은 없었지만 열측정 문제에는 전문가였다.

한편 켈빈 경은 지구 내부로부터 나오는 열은 지표면에서 발산하므로 지구가 용융 상태로부터 현재의 온도가 될 때까지 냉각되는 데 걸리는 시간을 계산하여 지구 연령을 계산했다. 지구의 온도는 땅속으로 15~18m씩 들어갈 때마다 1°F씩 규칙적으로 상승한다. 암석에 따라서 그 열전도율도 다르므로 온도 구배는 암석의 질에 따라 다르다. 예를 들면 미국 캘리포니아(California)주 롱비치(Long Beach)에 있는 깊이 2,700m의 유정(oil well)에서는 2,200m 지점에서 물의 끓는 온도에 달하고 그 바닥에서는 120℃, 즉 248°F가 된다. 그러므로 15m 내려갈 때마다 1°F씩 온도가 변한다.

지각물질의 평균 열전도율과 평균 온도 구배를 알면 일정 기간 동안에 발산되는 열량을 계산할 수 있다. 켈빈 경은 지구가 용융 상태로부터 오늘날의 온도가 되는 데 2천만 년 내지 4천만 년이 걸렸을 것이라고 했다. 따라서 지구상에 생물이 살 수 있게 된 것은 그다지 오래된 일이 아니라는 결론에 도달했다. 그는 하루의 시간을 길게 해 주는 조수의 간만 작용에 관한 복잡한 계산을 통해 그의 추정 연령을 뒷받침해 주었다. 그렇지만 암석이나 여러 가지 생물의 진화를 연구하는 지질학자나 생물학자들은 지구가 그보다 훨씬 더 오래된 것이 틀림없다는 결론을 얻었다. 결국 지구의 연령에 관한 이 어려운 문제에 대해서는 사고방식이 전혀 다른 두 학파가 있게 된 셈이다. 대생물학자 헉슬리(Thomas Henry Huxley, 1825~98)는 1869년에 다음과 같은 재미있는 이야기를 하기도 했다. 즉 「톰슨 교수(당시에는 미처 켈빈 경이 되지 못했었다)의 이 결론은 시간 계산을 하는 데 충분한 여유를 주었지만 그래도 지질학자들을 화나게 했다. 왜냐하면 지질학자들은 필요하면 얼마든지 길게 시간을 추정하는 버릇이 있었고 따라서 그들의 추정에 물리학이 어떤 제재를 가하려 했을 때 당연히 놀라고 당황했을 것이기 때문이다.」라고 말했다.

러더퍼드는 지구 속에서 일어나고 있는 방사성 변환에 의해서 현재나 과거나 할 것 없이 계속해서 열이 공급되고 있다면 켈빈이 계산한 것처럼 지구가 빨리 열을 잃지는 않았을 것이라고 지적했다. 만일 열의 공급이 충분하면 지구는 오히려 따뜻해질 수도 있을 것이다. 그는 만일 지구 속에 라듐이 무게로 22조 분의 1만 들어 있다면 전도에 의해서 잃는 것과 같은 양의 열이 발생할 것이라고 추산했다. 왕립학회에서 베이커 강연을 한 후에 러더퍼드는 왕립연구소(Royal Institution)에서 강연을 했는데, 지구의 연령에 미치는 방사성 열의 영향을 논했다. 러더퍼드가 이 강연에 대해서 말한 것이 이브에 의해서 기록되었는데 러더퍼드가 상당히 기민한 사람이었음이 여기에 잘 나타나 있다. 즉 「어두컴컴한 방에 들어가자마자 나는 곧 켈빈경이 청중 속에 있음을 발견했다. 그리고 지구의 연령에 대해서 논하게 될 강연의 종반부에서는 그와의 견해차 때문에 골치가 아플 것이라고 생각했다. 다행히도 켈빈은 잠이 들었는데 정작 내가 요점을 말할 때쯤 되자 이 늙은이가 일어나 앉더니 눈을 뜨고서 짓궂은 눈초리로 나를 노려보더군! 그때 어떤 생각이 퍼뜩 떠오르더군. 켈빈 경은 지구의 연령을 짧게 보았지만 이것은 새로운 열원이 발견되지 않는다면 그렇다는 이야기일 것이라고 나는 말하고, 이 예언된 열원이야말로 다름 아닌 오늘밤 우리가 고려하고 있는 라듐이라고 말했지. 글쎄 그랬더니 이노 선배가 나에게 미소를 짓지 않겠어!」라고 기록되어 있다.

그다음 해 일찍이 러더퍼드는 「라듐—지구의 열원」이라는 제목의 통속 기사를 유명한 《하퍼지》(Harper's Magazine)에 실었다. 그가 이런 통속 기사를 쓰는 것은 드문 일이었다.[21] 그는 소디와 연명으로 낸 「방사성 변환」이라는 유명한 논문에서 강조한 바와 같이 통속 기사에서도 「태양 온도와 같은 높은 온도에서는 비방사성의 원자가 간단한 원자로 분열되면서 다량의 열을 방출하는지도 모르겠다.」라고 말했다. 그는 결론적으로 태양은 켈빈이 추정한 5, 6백만 년보다 몇백 배 더 오랫동안 열을 공급할 것이라고 말했다. 다른 기회에 말한 러더퍼드의 이 결론은

「세계 종말의 날 더 멀어지다」
(DOOMSDAY POSTPONED)

라는 표제로 신문에 크게 소개되기도 했다.

이 기사 속에서 그는 베이커 강연 때와 똑같은 논법으로 라듐의 시조는 우라늄일 것이라는 그의 신념을 되풀이했다. 《하퍼지》가 이런 종류의 기사를 싣는 것은 방사성이 대중의 흥미를 끌었다는 증거이다.

∘ 지구와 대기의 방사능

그 후 2, 3년간 지구의 방사능은 상당히 많은 연구자들의 연구 대상이

21 2, 3개월 전에 그는 모친에게 「저는 이 기사를 쓸 준비를 했는데 고료가 350달러나 될 것이니 상당히 좋은 사례입니다.」라고 편지를 했다.

되었다. R. J. 스트럿은 1919년에 부친이 돌아가자 레일리 경이 되었는데 그와 그를 이은 사람들은 지표 근처의 암석들이 비교적 많은 라듐을 포함하고 있으며, 만일 라듐이 지구 전체에 걸쳐서 이러한 비율로 존재한다면 그 발열량은 능히 러더퍼드가 온도 구배를 일정하게 유지시키는 데 필요하다고 본 값의 20배에 육박한다. 따라서 지구는 급속하게 더워질 것이라는 결론에 도달했다. 여러 가지 암석의 토륨 함량도 조사되었다. 그리고 여기서 얻은 결론은 우라늄(상당한 양의 라듐을 합해서)과 토륨은 두께 약 30㎞의 표면층에 모여 있다는 것이었다. 훌륭하고 독특한 에이레의 지질학자 겸 물리학자인 존 졸리(John Joly, 1857~1933)와 맥길에서 방사능에 관한 많은 문제를 폭넓게 연구한 이브도 또한 지각의 방사능 문제를 해명하는 데 중요한 역할을 했다.

이것과 관련된 또 하나의 문제는 대기 중의 방산능이다. 엘스터와 가이텔은 이 연구의 선구자이다. 그들은 1901년에 하전체가 대기 중에서 그 전하를 급속하게 잃어버린다는 사실을 발견했으며 더 나아가서 음전하를 가진 철사에는 공기 중으로부터 방사성물질이 모여들고 그 방사능이 감소한다는 것을 발견했다. 앞에서 이야기한 《하퍼지》의 기사에서 러더퍼드는 이 저명한 두 사람의 공동 연구자를 추켜 올리고 지각과 대기 중의 방사성물질에 관한 대부분의 지식은 그들의 훌륭한 연구 덕분이라고 말했다. 러더퍼드와 앨른(S. J. Allen)은 대기로부터 모인 이 물질의 방사능은 주로 α 알맹이에 의한 것임을 밝혔으며, 1904년 즉 러더퍼드가 영국을 방문했던 해에는 범스테드(H. A. Bumstead)가 하전된 철사 위에 모인 방사성물질이 라듐 방사물의 방사성 침전물과 토륨 방사물의 침전물과 혼합물임을 밝혀냈다. 지각 속의 라듐과 토륨이 내놓은 기체상의 방사물이 대기 중으로 새어 나갈 것이라는 것은 능히 생각할 수 있는 일이다. 흡착제로 둘러쌀 수 있게 된 봉한 검전기를 써서 지각 중의 방사성물질이 내놓은 γ선이 이온화를 일으킨다는 것도 증명했다. 헤스(V. E. Hess, 1883~1964)가 기구를 띄워서 마개가 닫힌 용기 속의 이온화는 고공으로 올라갈수록 증가한다는 것을 밝혀냄으로써 지구 밖으로부터 이온화성의 방사선, 즉 최근 많이 연구되는 우주선이 오고 있다는 것을 밝혀낸 것은 이보다 훨씬 뒤인 1912년 이후의 일이다.

러더퍼드는 이와 같이 지구와 대기의 방사능에 많은 관심을 보이고 방사성 변환은 지구의 온도와 중요한 관계가 있음을 처 음으로 지적했으며 또 피치블렌드 속 라듐 함량이 지구의 연령을 결정하는 데 쓰일 수 있다는 것을 밝혀냈다. 그러나 이런 문제들은 그가 전력을 기울인 문제가 아니고 어쩌다 흥미를 가졌던 문제에 불과한 것이다. 따라서 이 이야기는 앞으로 조금만 더 하고 마무리하겠다.

∘ 람퍼드 메달과 실리먼 강연

여담이기는 하지만 이야기의 출발점은 러더퍼드가 1904년 5월에 왕립연구소에서 행한 강연이다. 그때 그는 이미 설명한 방법에 따라 지구의 연령 문제를 제기하여 과학계와 일반 대중의 큰 흥미를 불러일으켰다. 그는 6월에 뉴욕을 경유하여 캐나다로 돌아갔다. 그리고 얼마 안 있어 그는 왕립학회의 럼퍼드 메달(Rumford medal)을 받는 또 하나의 영광을 누리게 되었는데, 그는 이 사실을 11월에 알게 되었다. 이 메달은 물리학의 어느 분야에서나 뛰어난 공헌을 한 사람에게 한 해 걸러 주어지는 것이다. 러더퍼드의 경우에는 수상 명목이 「방사선의 연구, 특히 방사성물질로부터 방사되는 기체의 존재와 성질의 발견에 대하여」라고 되어 있다. 대단한 영광이라고 생각되는 이 메달은 유명한 럼퍼드 백작에 의해서 1796에 창설되었다. 럼퍼드 백작(Count Rumford)은 미국에서 벤자민 톰프슨(Benjamin Thompson, 1753~1814)이라는 이름으로 태어났으며, 1775년에 보스턴(Boston)에서 영국군에 입대하고 1776년에 고국을 떠난 후 다시 고국 땅을 밟지 않았다. 그는 런던에서 좋은 자리에 임명되었으며 그곳에서 과학 연구에 종사하여 마침내 왕립학회 회원이 되었다. 후에 그는 바바리아(Bavaria)로 가서 육군을 재편하고 뮌헨(Mlinchen)을 위협하던 부랑자의 무리를 거의 소탕하는 놀라운 성공을 거두었다. 그는 자기의 신조를 다음과 같이 말했다. 「타락한 악인을 행복하게 해 주려면 우선 선인으로 만들 필요가 있다고 생각하지만, 그 순서를 왜 바꾸지 않는지 모르겠다. 왜 행복하게 해 준 다음 선인으로 만들지 않는가?」 그는 바바리아에서 대부분의 물리학 교과서에 소개되어 있는 열의 본질에 관해서 중요한 관측을 했으며 이 공적으로 인해 신성 로마 제국의 백작으로 봉해지고 럼퍼드 백작이라는 칭호를 가지게 되었다. 럼퍼드는 뉴햄프셔(New Hampshire)주에 있는 콩코드(Concord)의 옛 이름으로 이곳에서 그는 청년기의 중요한 몇 년을 보냈다. 후에 그는 영국으로 돌아가서 왕립연구소의 창립에 큰 공헌을 했다. 최후에 그는 프랑스에 가서 불행하게도 프랑스 혁명 때 사형된 유명한 앙투안 로랑 라부아지에(Antoine Laurent Lavoisier, 1743~94)의 돈 많은 미망인과 결혼했고 럼퍼드 메달의 기금을 왕립학회에 기부했을 때 그는 고국을 생각하여 5,000달러라는 당시에는 상당히 거액을 미국 아카데미(American Academy of Arts and Sciences)에 기부하고 미국에서 행해지고 발표되는 중요한 과학적 발견에 대한 상으로 써 주기를 부탁했다. 럼퍼드는 극히 보기 드문 인물이었으며 여기서 그를 잠시 소개한 것도 무방하리라고 생각한다.[22]

럼퍼드 메달 수상에 이어서 러더퍼드의 명성을 높여 준 또 하나의 영예가 찾아왔다. 어린 딸을 데리고 때마침 뉴질랜드를 여행 중이던 그의 부인에게 그는 1904년 1월 19일 자로 다음과 같은 편지를 보냈다. 즉 지금 이야기한 럼퍼드상에 관해서 쓴 다음에 「반가운 일들이 연달아 찾아오는군요. 토요일 아침에 예일(Yale) 대학에 있는 해들리(Hadley) 교수로부터 편지를 받았는데 금년에 예일 대학에서 실리먼 강연(Silliman lectures)을 해달라는 것입니다. 당신도 알다시피 J. J.가 2년 전에 이 강연을 하러 온 바 있으며 작년에는 리버풀 대학의 셰링턴[23](Charles Sherrington, 1857~1952, 생

22 그의 파란 많은 생애에 대해서는 브라운, 『괴짜 물리학자 럼퍼드 백작』(Sanborn C. Brown, Count Rumford, Physicist Extraordnuoy. Science Study Series, S 28, Doubleday Anchor books)을 참고하자.

23 찰스 셰링턴은 당대 최고의 생리학자였다. 그의 실리먼 강연을 기초로 한 저서 『신경 계통의 종합작용』

리학자) 교수가 했었습니다. 이것은 굉장한 영광일 뿐만 아니라 강연자에게 주는 돈도 2,500달러나 됩니다. 이 돈이 작은 돈이 아니라는 것에 대해서는 당신도 이견이 없으리라고 믿습니다. 열 번의 강의로 1년분의 보수를 받는다는 것은 드문 일이겠지요.」라는 사연이었다. 람퍼드 메달 수상은 맥길 대학으로서의 명예와 러더퍼드 개인의 인기가 결합되어 학내 전체의 기쁨이 되었으며 몬트리올의 일대 축전이 되었다. 부인에게 보낸 편지에 쓴 그의 설명은 대화에서 느끼는 것과 같은 단순한 자신과 성공에 대한 기쁨을 가지고 쓴 것으로서 참으로 그다운 표현이었으므로 인용을 하지 않을 수 없다. 즉 1904년 11월에 그는 「런던에서 메달이 수여될 즈음에 어디선가 나를 위한 만찬회를 갖겠다고 학장이 말했습니다. 누구나 다 기뻐하고 있으며 모두 내가 상을 받을 자격이 있다고 생각하고 있습니다. 친구들이 이렇게 해 준다는 것은 흔치 않은 일입니다.」[24]라고 썼다. 그다음 달에는 만찬회에 관해서 썼는데 다음에 인용하는 그 첫 줄에는 돈 문제에 관한 그의 평상시의 관심이 잘 나타나 있다. 즉 「당신에게 이미 알려준 바와 같이 맥도널드가 만찬회의 비용이 얼마가 되든 관계없이 전부 부담하기로 했습니다. …… 관습대로 건배가 있은 다음에 학장이 일어나서 그날 밤의 강연을 했습니다. 그의 연설은 대단히 재치가 있었으며 바보스러운 아첨도 없

(The Integrative Action of the Nervous System)이 1906년에 예일 대학 출판부에서 출판되었는데 이 책은 과학의 고전이다. 그는 윌리엄 하비(Wiliam Harvey, 1578~1657)가 혈액 순환에 관해서 한 것과 똑같은 일을 신경 계통에 대해서 했다고 전해지고 있다.

24 러더퍼드는 이때 캐나다에 있었으므로 대리인에게 상이 수여되었다.

었고 농담도 많이 섞인 것이었습니다. 학장이 제법 잘한다고 모두 생각했습니다. 나도 약 20분쯤 이야기했는데 생각했던 것보다는 잘 된 것 같습니다. 모두 나의 연설이 좋았다고 생각할 것입니다. 나는 역사적인 순서로 이야기를 했으며 연구에 협력한 모든 사람의 공적을 치하하고 또 몇 마디의 고약한 농담도 섞었습니다. 모두가 나를 환대해 주었고 열광적으로(진심이 아닐지라도 겉으로 보기에는) 나의 건강을 위해 축배를 들어 주었습니다.」라고 써 보냈다. 그는 이런 일을 진심으로 즐거워했다.

1904년의 일은 너무 많이 이야기했지만 그것은 러더퍼드의 생애에 있어서 가장 다사했던 해였기 때문이다. 그 자신도 1905년 정월 초하룻날 아직도 뉴질랜드를 방문 중에 있는 부인에게 다음과 같은 편지를 몬트리올에서 부쳤다. 즉 「금년에는 작년처럼 중대한 사건들이 많지 않을 것입니다. 지금까지 겪은 수다한 사건들을 돌이켜 볼 때 놀라울 정도입니다. 우선 세인트루이스 방문, 이어서 미국에서의 강연, 저서의 출판, 영국으로의 여행과 강연, 베이커 강연과 전기학회에 제출한 논문의 출판, 또 세인트 루이스에서의 연설, 그리고 끝으로 럼퍼드상과 실리먼 강연이 있었군요.」라는 사연이다. 이것은 수상과 출판을 늘어놓은 것이지만 그해는 또한 방사성 붕괴 이론이 상세한 점까지 확인되었고 과학계 전반에서 받아들여진 해이기도 하다. 몇 달 뒤에 쓴 편지에서 그는 지금까지는 트로이 사람(Trojan)처럼 열심히 일하지 않으면 안 되었지만 금후에는 가능하면 그처럼 심하게 일하고 싶지는 않다고 말한 바 있다.

◦ 알파 알맹이

1907년 5월에 맨체스터로 떠날 때까지 러더퍼드는 맥길에서 주로 α 알맹이에 관한 연구에 종사했다. 맨체스터에서는 1919년까지 교수로 근무했다. 1903년에 그가 α 알맹이의 e/m, 즉 전하 대 질량의 비를 측정했다는 것은 이미 말한 바 있다. 그는 다시 라듐 C의 α선을 가지고 한층 더 정밀한 측정을 했다. 초기의 실험에서는 붕괴 생성물과 평형에 있는 라듐을 사용했으므로 라듐과 라듐 방사물, 라듐 A 및 라듐 C가 함께 섞여 있으며, 따라서 이 네 가지 물질로부터 속도가 각각 전부 다른 α알맹이가 나온다. 브래그(William Henry Bragg, 1862~1942)가 밝힌 바와 같이 α 알맹이는 그 초속에 따라서 공기 중에서의 비정(range)이 달라진다. 그러므로 위에서 말한 네 가지 원소의 α 알맹이는 비정이 서로 다를 뿐만 아니라 러더퍼드가 처음에 한 실험에서는 두꺼운 라듐 시료를 썼으므로 밑의 층에서 나오는 α 알맹이는 상층을 통과하면서 속도가 줄어든다. 따라서 네 종류의 초속을 감안하지 않더라도 시료로부터 나오는 α 알맹의 속도 분포는 상당히 넓다. 이런 사정으로 인해 정확한 측정이 불가능했었다.

가느다란 철사를 라듐 방사물에 쪼인 다음 15분간 방치하면 라듐 A가 완전히 붕괴되어 없어지고 라듐 C만이 남아서 일정한 속도의 α 알맹이를 내놓는다. 대단히 좁은 슬릿과 알맹이를 검출하는 사진 건판이 구비된 새로운 장치를 써서 러더퍼드는 자기장에 의한 휘어짐을 정확하게 측정할 수 있었으며, 전기장에 의한 휘어짐도 측정할 수 있었다. 그는 처음의 측정치보다 훨씬 정확한 e/m의 값을 얻었는데 특히 이 값은 α 알맹이가 물질 속을 통과하여 속도가 느려졌을 경우에도 일정 불변이라는 것을 알게 되었다. 이것은 α 알맹이가 그 속도는 변하더라도 질량은 변하지 않는 알맹이임을 되풀이 해서 증명하는 것이다. 그는 동시에 라듐 A와 라듐 F의 α 알맹이의 e/m가 각각 그 초속은 다르지만 같다는 것도 증명했다. 이 모든 사실은 모두 그의 신념을 한층 더 굳혀 주는 것이었다.

∘ 오토 한과의 우정

1905년에 일어난 중요한 일은 오토 한이 맥길 연구소에 온 사실이다. 그는 원자 폭탄으로 이어지는 연구에서 중요한 역할을 하게 된 원자핵 분열의 선구적인 연구를 했으며 이것이 인정되어 1944년도에 노벨 화학상을 받았다. 한은 이미 1905년에 토륨 방사물의 모체이며 라디오토륨이라고 부르는 방사능이 대단히 센 새로운 원소를 토륨으로부터 분리하고 있었다. 이 원소로부터의 방사성 침전물은 속도가 다른 두 가지 α 알맹이를 내놓으며 두 종류의 원소를 포함하고 있다. 러더퍼드와 한은 이 알맹이들이 라듐 침전물의 그것과 질량이 같다는 것을 알아냈다. 이 연구는 α 알맹이의 단일성을 재확인한 것에 불과했지만 러더퍼드는 세계 각국의 연구 학도들을 끌어들이는 힘이 있었다는 것을 보이기 위해 이 공동 연구에 대해 언급하게 된 것이다. 한은 러더퍼드 밑에서 1년을 보낸 다음에 고국인 독일로 돌아갔으나 러더퍼드는 죽을 때까지 그와 자주 편지 왕래를 했다.

러더퍼드의 편지에는 말할 것도 없이 당시의 방사능 연구에 관한 흥미롭고 예리한 논평이 가득했지만 사사로운 이야기도 많이 쓰여 있었다. 그리하여 맨체스터(Manchester) 대학의 교수로 임명된 사실을 한에게 알리는 1907년 1월의 편지에서 그는 「연구실이 대단히 좋으며 보수도 또한 대단히 좋으므로 즐겁게 지낼 수 있으리라고 생각하네. 미국이나 캐나다에서는 과학의 중심에서 늘 떨어져 있다는 생각을 했었는데 중심으로 가까이 가게 된 것 또한 즐겁네.」라고 했다. 이것은 물론 2세대(60년) 전의 이야기이다. 한이 러더퍼드에게 보낸 편지는 공표되어 있지 않다.

그러나 한은 그의 맥길 시절과 러더퍼드와의 교제 전반에 관해 대단히 흥미 있는 이야기를 담은 자서전을 최근에 발간했다. 예컨대 그는 말하기를 「러더퍼드는 항상 뱃속에서부터 웃기 때문에 연구소 전체가 울렸다.」라고 한다. 그는 또 유명한 잡지 《네이처》에 게재할 러더퍼드의 사진을 찍기 위해 어느 날 사진사가 몬트리올의 연구실에 찾아와서 지하실에 있는 실험 장치 앞에 앉은 교수의 사진을 찍었을 때의 일도 재미있게 말하고 있다. 사진을 현상해 본 사진사는 그것이 마음에 들지 않았다. 즉 특별호에 실릴 정도로 러더퍼드가 품위 있게 보이지 않았던 것이다. 우선 당시의 점잖은 옷차림에 꼭 필요한 커프스 단추조차도 나와 있지 않았다. 그때 한은 다른 많은 사람들 특히 독일 사람들처럼 떼었다 붙였다 하는 커프스를 달고 있었기 때문에 그것을 러더퍼드에게 빌려 주었다. 그리하여 결국 공표된 사진에는 한의 한쪽 커프스가 러더퍼드의 왼쪽 손에 뚜렷하게 나타났다. 《네이처》지에 「나의 커프스가 영구히 남게 된 것을 보고

1906년에 나는 의기양양했었다.」라고 한은 말하고 있다.

러더퍼드는 그 밖에도 매우 유능한 많은 협력자들을 맥길로 끌어들였다. 그중 몇 사람의 이름은 이미 말했다. 그에게 최초로 온 외국인 학생은 폴란드의 고들레프스키(E. Godlewski)였다. 그는 1904년 말에 도착한 유능하고 매력 있는 사람이었지만 아깝게도 젊어서 요절하고 눈에 띌 정도의 업적은 남기지 못하고 말았다. 소디는 예외 중의 예외인 인물이었고 그 밖에도 중요한 사람들이 있었다. 그중에서 한 사람만을 택한 까닭은 그가 대서양을 넘어서 러더퍼드한테로 왔고 방사능 연구에 중요한 업적을 남겼으며 후에 원자핵 분열에 관한 중요한 발견을 했을 뿐 아니라 특히 두 사람 사이에 평생토록 우정이 계속되었기 때문이다.

러더퍼드의 또 하나의 친구는 후에 러더퍼드의 뒤를 이어서 왕립학회 회장이 된 유명한 브래그이다. 브래그는 당시 오스트레일리아 남부의 애들레이드(Adelaide) 대학 물리학 교수로서 러더퍼드보다 아홉 살이나 위였다. 그는 1904년에 비로소 연구를 시작하여 α선의 비정이 확정된 값을 가지고 있음을 알아냈다. 이 α 알맹이에 관한 연구로 그는 유명해지고 러더퍼드하고도 서신 왕래를 하게 되었지만, 그들의 초기 편지는 α선에 관한 연구에서 같은 일을 서로 중복하지 말자는 것이었다. 그때만 하더라도 그들 사이의 교분은 정성 어린 편지가 고작이었지만 러더퍼드가 맨체스터의 교수가 된 이듬해인 1908년에 브래그가 리즈(Leeds) 대학의 교수가 되어 영국으로 왔기 때문에 그들의 직접적인 교제는 급속도로 발전했다.

맥길에 있던 마지막 해에 러더퍼드는 앞서 이야기한 α 알맹이의 전하를 측정하고, 이 값으로부터 1gm의 라듐이 매초 방출하는 α 알맹이의 수가 2,500억이라는 것을 계산해 냈다. 이것으로 열효과를 쉽게 이해할 수 있게 되었다.

◦ 『방사능』 제2판

1905년에는 382쪽이었던 그의 저서 『방사능』[25]의 제1판이 558쪽으로 증보된 제2판으로 출간되었다. 이 제2판에서 러더퍼드는 방사성 붕괴 이론에서의 몇 가지 가장 어려운 논쟁점에 대하여 명확한 의견을 내놓았다. 특히 그는 α 알맹이가 고속도로 방출된 헬륨 원자라는 편을 들었으며—당시에는 아직 전면적으로 용인을 하지 않고 있었다— 방사성 원소의 원자는 어떤 알려진, 또는 모르는 물질과 헬륨이 화합한 것으로 보아야 한다고 말했다. 대부분의 변환에서는 헬륨 원자가 고속도로 방출되며, 따라서 다량의 에너지가 유리된다. 「이 생각에 의하면 우라늄, 토륨 및 라듐은 실제로는 헬륨의 화합물이다. 그러나 헬륨은 대단히 강하게 결합되어 있기 때문에 이 화합물은 화학적인 힘이나 물리적인 힘으로는 분해되지 않는다. 따라서 이들 화합물은 통상적인 화학적 관념에서는 일종의 화학 원소로서 행동한다.」 이 말은 켈빈 경이 1906년에 라듐이 원소인가 아닌가의 논쟁을 다시 끌어냈을 때 러더퍼드가 인용한 한 구절이다. 러더퍼

25 radw-activity 의 중간에 하이픈을 넣은 것은 1903~1905년에 사용된 것이다.

제5장

맨체스터

공업과 상업의 중심지인 맨체스터는 1907년에 인구가 60만이 되는 도시였는데 수백 개의 공장 굴뚝에서 나오는 매연으로 더럽혀져 있었다. 거리는 침침했지만 따뜻한 인정의 도시였다.

Ernest Rutherford

드는 그 반론에서 방사성 변환에서 단위 질량당 방출되는 에너지가 알려진 어떤 화학적 변화에서보다도 수백만 배에 이른다는 사실과 붕괴율이 온도에 무관하다는 사실(이것은 이미 한 번 이야기한 바 있지만 되풀이 해서 이야기할 만한 가치가 있다)을 지적하고 화학에서 말하는 화합물과는 본질적으로 다르다고 대답했다. 러더퍼드는 또 라듐 붕괴 계열 최후의 안정한 비방사성 생성물은 납이라고 한 그의 저서의 요점을 강조하면서 「나는 오랫동안 납은 라듐의 최종 생성물일 것이라고 생각해 왔다.」라고 대답했다. 후에 알게 되겠지만 이 생각은 정확한 것이었다. 즉 모든 방사성 붕괴는 납에서 그치며 1911년에 러더퍼드가 그 존재를 확인한 원자핵은 어떤 뜻에서는 α 알맹이를 포함한 화합물이다. 원자핵에는 보통의 물리 · 화학적 작용이 전혀 미치지 않으므로 러더퍼드가 1905년에 사용한 말을 빌리면 원자핵은 물리 · 화학적 힘으로는 파괴되지 않는다. 따라서 방사성 원소의 본질에 관해 가장 간결하게 말한 러더퍼드의 단정은 후에 의심할 수 없는 사실로 판명된 일들을 정확하게 예상한 것이었다.

1906년에는 『방사성 변환』(Radio-active Transformations)이라는 러더퍼드의 저서가 또 한 권 발행되었다. 이것은 1905년에 러더퍼드가 행한 실리먼 기념 강연의 계약상 필요한 정식 간행물이었다. 당연한 일이지만 이 책은 그의 『방사능』 제2판과 크게 다를 바가 없다. 이 책도 물론 간단명쾌하게 쓰여졌으며 독일어 번역판이 동시에 출판되어 호평을 받았다.

∘ 맥길을 떠날 계획

맥길을 떠나기 전 수년 동안 러더퍼드는 다른 여러 대학으로부터 교수직의 제의를 받았다. 1905년에는 예일 대학으로부터 상당한 지위의 유혹을 받았는데 그는 이것을 거절하고 맥길에서의 봉급 인상에 이용한 것 같다. 컬럼비아(Columbia) 대학, 스탠퍼드(Standford) 대학으로부터도 교섭을 받았지만 러더퍼드는 영국으로 돌아가는 것이 소망이었다. 런던 대학의 킹스 대학(King's College)으로부터도 이야기가 있었지만 실험실 설비가 좋지 않았다. 그러나 1906년 후반에는 맨체스터 대학의 물리학 교수직의 제의를 받았으며 이것이 그의 한평생의 전기가 되었다. 랭워디 교수(Langworthy Professor)라고 부르는 맨체스터 대학의 물리학 교수는 아서 슈스터(Arthur Schuster, 1851~1934)였다. 그는 기체 방전에 관한 초기 연구에서 훌륭한 실험을 했으며 또한 광학 연구와 『광학 이론』(The Theory of Optics)이라는 저서로 유명한 사람이었다. 그의 부친은 프랑크푸르트(Frankfurt)에서 영국으로 이주한 상업 은행가였으며 슈스터도 프랑크푸르트에서 태어났다. 따라서 아서는 훌륭한 물리학자인 동시에 부자였으며, 이 둘을 겸비한 사람은 퍽 드물었다. 그는 영국에서 X선 사진을 찍은 최초의 한 사람이었기 때문에 맨체스터의 의사들로부터 원조 요청이 쏟아져 들어왔다. 우리의 가장 큰 관심사가 되는 것은 당시로는 특출하게 훌륭한 새로운 물리학 연구실을 그가 설계했다는 점이다. 이 연구실은 1900년에 레일리 경(Lord Raylegh, John William Strutt, 1842~1919)에 의해서 개소되었지만 이때는 이미 슈스터 사신은 물리학 실험을 포기하고 있었다. 그러나 실험실 설비가 잘 되어 있는가에 대해서는 늘 관심을 기울이고 있었다. 1906년에 54세가 되자 그는 은퇴하여 과학상의 국제 협력과 관리 운영 특히 왕립학회의 관리 운영에 힘쓸 생각을 했다. 얼마 안 가서 책임이 무거운 명예직이면서도 무보수인 왕립학회 사무총장이 되었으며 후에는 섭외국장이 되어 왕립학회와 외국 과학계와의 교섭 책임을 맡았다. 그는 러더퍼드에게 대단한 호의를 가지고 있었으며 1906년 9월에 편지를 보내 그가 교수직을 사임하겠다는 생각과 그 후임으로 모시고 싶다는 말을 했다. 여기에 대한 러더퍼드의 회신은 언제나처럼 솔직하게 그의 입장을 설명하고 있으므로 그 한 구절을 소개하는 것이 마땅하리라고 믿는다. 「저의 장래 문제를 곰곰이 생각하고 있던 차에 맨체스터 대학 물리학 교수직에 관한 친절한 편지를 받게 되어 깊이 감사하고 있습니다. 작년에는 맥길 대학과 예일 대학의 유혹 사이에서 결단을 내려야 했는데 결국 이곳에 더 머무르기로 했었습니다. 그 주된 이유는 결국은 영국으로 돌아가고 싶었지만 실험실 설비로 희생하지 않을 만한 자리에 가고 싶었기 때문이었습니다. 킹스 대학의 자리는 실험실 설비 때문에 희생해야 할 위험이 있다고 느꼈었습니다.

친절하고 자상한 편지를 고맙게 생각하며 말씀하신 지위의 후보가 되라는 권고에 대하여는 처분에 따르도록 할 생각입니다. 당신이 세운 훌륭한 연구실은 물론 이곳보다도 과학상의 교제가 많으리라는 것을 생각할 때 크게 마음이 끌립니다.」

과학계의 중심에 가까워지기를 바란다는 편지를 한에게 보냈다는 것은 이미 이야기했다. 그의 퇴임 시기가 가까워졌을 때 대학 당국자들이 그에게 훌륭한 발견자이며 위대한 교육자로서 맥길에 남긴 업적이 크다고 찬사를 보낸 데 대해 그는 여전히 같은 심정을 털어놓았다. 즉 그는 학장에게 「맨체스트로 갈 것을 결심하게 된 주요한 동기는 대서양의 이쪽에 있는 것보다는 좀 더 유럽의 과학계와 밀접한 접촉을 할 필요가 있다고 느꼈기 때문입니다.」라고 썼다. 물론 오늘날의 사정은 이 말을 했을 때와는 전혀 다르다.

러더퍼드와 그의 협력자들이 방사능 과학을 반석 위에 올려놓은 것은 캐나다에서였으며, 이 사실은 오늘날에도 변함이 없다. 이러한 업적 속에는 그가 캐나다에서 연구를 시작할 무렵에 통용되었던 원자의 본질에 관한 생각을 완전히 바꾸어 놓은 것을 포함시킬 수 있다. 단순하고도 명쾌한 그의 표현은 많은 현역 과학 연구자들로 하여금 그가 초기의 연구 결과를 설명하는 데 사용한 이론이 옳았다는 것을 믿게 했다. 연구실에서의 그의 연구는 그가 천재적 소질을 가진 최고의 실험가라는 것을 보여 주고 있다. 그의 근면함은 남의 추종을 불허했다. 「러더퍼드의 과학상의 활동은 맥길 시대가 최고였다.」라는 J. J. 톰슨의 말을 끝으로 이 장을 마치겠다.

마킷 스트리트(Market Street)라고 부르는 주요 도시는 유럽에서도 가장 번화한 거리로 알려져 있었다. 당시의 주요 거리는 모두 조약돌로 포장을 해서 대소의 무거운 짐마차를 끄는 말의 쇠 징을 박은 말발굽이 노면을 탄탄하게 밟을 수 있게 해 놓았다. 화려한 건물은 거의 없었고 눈에 드는 건물도 별로 많지 않았다. 의(擬)고딕 양식의 거대한 시청 건물만이 매연에 찌든 채로 육중하게 서 있었다. 외래인에게 가장 마음에 드는 건물은 미들랜드 호텔(Midland Hotel)이었으며 매우 유능한 프랑스 사람인 콜 베르 씨가 지배인으로 있었는데 7실링 6펜스만 내면 유럽 최상의 식사가 나왔다. 물론 이 돈의 3분의 1만 내도 충분한 식사를 할 수 있는 독일식 식당과 다른 식당들도 많았다.

이 도시에는 유명한 문화 시설이 몇 군데 있었다. 손으로 베낀 귀중한 고서적이나 인쇄 서적을 많이 가지고 있는 존 릴랜즈 도서관(John Rhylands Library)은 1899년에 건립되었고 맨체스터 미술관(Manchester Art Gallery)은 인상적인 건물이었다. 할레 관현악단 및 합창단(Hallé Orchestra and Choir)은 맨체스터에 그 본부가 있었으며 전 유럽에 알려져 있었다. 할레가 초대 교장을 지낸 맨체스터 왕립 음악학교(Manchester Royal College of Music)는 훌륭한 학교였다. 애니 호니먼(Annie Homiman)이 맨체스터의 게이어티 극장(Gaiety Theatre)에서 근대식의 레퍼토리 극장을 시작한 것은 1907년의 일이다. 게이티 극장이란 명칭은 색다른 공연을 하던 시대에 붙여진 이름이다. 그 밖에도 보드빌(Vaudeville) 극장이라고 부르던 좋은 음악회관이 있었으며 또 별로 취미가 고상하지 못한 사람들을 상대로 재치 있는 유머와 감상적인 노래를 불러 주는 곳도 여러 군데 있었다. 그러나 이러한 곳들은 모두 러더퍼드의 관심거리가 못 되었다.

그는 연구소에서 약 2마일쯤 떨어진 위딩턴(Withington)이라는 교외에다 좋은 정원이 딸린 안락한 집을 장만했다. 연구소는 시청사로부터 약 1마일 떨어진 곳에 있었다. 그는 1910년 초에 월슬리-시들리(Wolseley-Siddeley) 14~16마력의 자동차를 산 뒤에도 연구소를 전차로 통근했다. 1908년에 대학에 들어온 후 러더퍼드와 연구 면에서 밀접한 협력을 했고 또한 벗이 되었던 로빈슨은 「러더퍼드는 처음부터 맨체스터가 마음에 들었다. 또 맨체스터의 사람들이 그를 따뜻하게 대한 것은 그의 인격을 대단히 존경했기 때문이었다. 그는 항상 솔직하게 말을 했는데, 랭커셔(Lancashire)인은 그 이웃의 요크셔(Yorkshire)인과 마찬가지로 자신들의 솔직한 말투를 큰 자랑으로 삼고 있으면서도 남의 바른말에 대해서는 그 이상으로 인색했기 때문이다.」라고 기술했다. 러더퍼드는 교수직에 취임하자 곧 볼트 우드에게 다음과 같은 서신을 보냈다. 「이곳은 대단히 활기에 차 있습니다. 그리고 기후를 제외하면 모든 것이 마음에 듭니다. 좋은 동료들, 예의 바르고 친절한 사람들, 그리고 표리가 없다는 것 등이 바로 그런 점입니다. 이곳의 학생들은 정교수(full professor)를 전능한 신에 가깝다고 생각한다는 것을 알았습니다. 캐나다 학생들의 비판적인 태도를 겪은 다음이라 몹시 상쾌합니다. 당신이 인정을 받고 있다는 것을 늘 기쁘게 생각하고 있습니다.」라고 썼는데 한결같이 솔직한 태도이다. 또 그의 봉급은 연 1,600파운드였고 소득세가 얼마 안 되어 당시에는 충분히 사치스럽게 살 수 있었는데도 그는 사치에 빠져들지 않았다.

슈스터가 그 설계와 설비에 많은 정성을 기울인 새 연구실의 건물이 〈사진 5〉에 나와 있는데 이것은 건축가의 도면을 복사한 것이다. 이 건물에는 물리학 강당, 연습실, 실험실, 공작실 외에도 전기 공학 시설과 전기 화학 실험실이 있었다. 그뿐만 아니라 물리학에 사용되는 장소가 특히 넓었으며 시설도 당시로서는 대단히 좋았다. 그렇지만 당시 독일의 일류 대학의 물리학 교실에는 미치지 못했다. 예로서 러더퍼드가 취임한 초기에는 개데(Wolfgang Gaede, 1878~1945)의 회전 수은 진공 펌프도 없었는데 독일에서는 이것을 널리 사용하고 있었다. 이 진공 펌프는 손타는 수동식 펌프를 썼을 때보다 몇 분의 일밖에 안 되는 짧은 시간에 실험 장치를 자동적으로 진공으로 만들어 준다. 후에 이중 삼중으로 안전장치를 붙인 개데 펌프가 두세 대 들어 왔지만 하이델베르크(Heidelberg) 대학 같은 데서는 유능한 연구자라면 누구나 이것을 가지고 있었다. 1908년부터 1914년 사이의 평균 시설비는 연 420파운드였다. 그러나 연구자들은 필요한 실험 장치의 대부분을 손수 만드는 것이 보통이었다. 물론 그 나름대로 장점도 있었다.

◦ 연구 동료

러더퍼드는 맨체스터 대학의 교수로 취임하면서부터 여러모로 재수가 좋았다. 슈스터는 교수직에서는 물러났지만 명예 교수로 취임했기 때문에 그 자격을 가지고 그의 후계자에게 가능한 모든 뒷받침을 해 주었다. 그는 수리 물리학 부교수(reader) 자리에 연 350파운드라는 당시로는 굉장히 후한 봉급을 제공했으며 해리 베이트먼(Hany Bateman)이 그 자리에 임명되었다. 베이트먼은 뛰어난 수학자였지만 실제로 물리학 교실의 연구에 참여하여 방사능의 수학적 문제를 다룬 두 편의 논문을 1910년에 발표했다. 이 해에 그는 미국으로 가서 캘리포니아 공과대학(California Institute of Technology)에 교수로 취임하고 그곳에서 세상을 떠났다. 1910년에 다윈(Charles Galton Darwin, 1887~1962, 후에 찰즈 다윈 경)이 그의 뒤를 이었다. 다윈은 물리학 교실에서의 연구에 평생을 바쳤으며 중요한 연구를 해냈다. 여기에 관해서는 후에 다시 이야기하겠다. 슈스터는 또 젊은 독일인 조수 가이거를 러더퍼드에게 넘겨주었다. 가이거의 이름은 α 알맹이에 관한 연구 협력자로서 러더퍼드의 이름과 급속한 연결을 맺게 되었다. 오늘날 대부분의 사람들은 가이거 계수관 때문에 그의 이름을 잘 알고 있다. 〈사진 6〉은 맨체스터의 연구실에서 찍은 러더퍼드와 가이거의 사진이다.

러더퍼드는 또한 젊은 실험 조수 윌리엄 케이(William Kay)와 함께 했다. 그는 대단히 유능한 사람이었으며 여러 가지 일들을 잘 도와주었다. 그는 기계를 잘 다루는 명인이었고 당시에 사용되던 모든 물리 기계의 내용을 잘 알았기 때문에 능숙한 솜씨를 발휘하여 훌륭한 강의 실험을 준비했을 뿐만 아니라 연구자들을 기꺼이 도와주었다. 또 그는 방사성물질의 취급법, 과학 사진의 기술, 그리고 논문용 그림의 작도에도 능숙했다. 요컨대 그는 러더퍼드의 맨체스터 재임 기간 중은 물론 그 후에도 실험실에 없어서는 안 될 중요한 인물이었으며 러더퍼드가 맨체스터를 떠난 지 30

년 후인 1946년에 은퇴할 때는 그 대학으로부터 명예 학위를 수여받았다. 지금까지 나는 이런 이야기를 딴 데서 들어본 일이 없다.

그 밖에 바움바하(Otto Baumbach)라는 유능한 유리 세공 기술자가 있었다. 그는 애국심이 극히 강한 독일 사람으로, 케이처럼 명랑한 성격은 아니지만 훌륭한 기술자였다. 그가 만든 어떤 α선관은 직경이 약 1㎜이고 관벽이 대단히 얇아서 이 관 속에 원료 라듐으로부터 추출한 라듐 방사물을 채워 넣으면 α 알맹이가 공기 5㎝ 이하에 상당하는 저지 능력(stopping power)을 가진 이 관벽을 자유로이 통과할 수 있었다. 이 관은 러더퍼드가 α 알맹이원으로서 라듐 대신에 자주 사용했던 것이다. 라듐 방사물의 방사능은 그 반감기가 3.85일이었으므로 며칠 후에는 갈아 주어야만 했다.

또 하나의 행운은 연구에 꼭 필요한 라듐이었다. 빈 아카데미(The Vienna Academy)에서 저장하고 있는 브롬화 라듐을 러더퍼드와 윌리엄 램지에게 대여해 주었는데 램지는 이 브롬화 라듐을 전부 차지하고 나누어 쓰려고 하지 않았다. 그리하여 왕립학회에서는 1908년 1월에 러더퍼드에게 300㎎의 라듐을 대여해 주었는데 이것은 충분한 양이었다. 후에 이것은 연구실용으로 매입되었다. 그는 또 파리에서 악티늄과 기타 방사성 원소가 들어 있는 피치블렌드 잔류물을 공급받았으므로 방사성물질은 완전히 갖추게 되었다.

그는 방사능 연구에 있어 선구자의 한 사람이며 당시 예일 대학에 있던 옛친구 볼트우드를 설득하여 1907년부터 1908년까지 맨체스터에 와 있게 했다. 우라늄이 라듐의 어미 원소라는 것을 밝혀낸 사람이 볼트우드라는 것은 이미 이야기했다. 그들은 공동으로 라듐에서 생기는 헬륨의 생성률을 연구했으며 그 결과 α 알맹이를 헬륨 원자로 가정하고 1g의 라듐이 매초 방출하는 α 알맹이의 수로부터 계산한 헬륨의 생성률이 실험적으로 얻은 헬륨의 생성률과 잘 맞는다는 사실을 발견했다. 이 사실은 α 알맹이의 본질을 재확인해 주는 것이다. 볼트우드는 방사성물질에 숙달한 화학자였으므로 저장 라듐을 취급하는 데 큰 도움이 되었다.

대학에서는 러더퍼드의 성질이 어떤지 곧 알게 되었다. 즉 그가 출석한 최초의 학내 교수회에서는 그가 취임하기 직전 공백기에 화학 교수가 물리학 교실에 속했던 방을 차지하고 있는 것이 문제가 되었다. 그는 입을 열자마자 「빌어먹을!」(By Thunder!, 그가 즐겨 쓰는 말로서 독일어의 Donnerwetter!를 연상케 한다) 하고 고함을 치고 책상을 두들기면서 격한 어조로 그 방을 자기에게 돌려주어야 할 이유를 자세히 설명했다. 기록에 의하면 마지막으로 화학 교수를 연구실로 따라가서 "당신은 악몽에서 튀어나온 악마 같다."라고 말했다는 것이다. 이런 일이 있고 난 다음부터는 아무도 그를 만만하게 보지 못했다고 한다.

10월 말에 그는 변함없는 활발한 투로 모친에게 편지를 보냈는데 여기에는 맨체스터에서의 그의 출발이 잘 묘사되어 있다. 「저는 이제 한 달째 강의를 해오고 있으며 모든 것이 차츰 자리 잡혀가고 있습니다. 당연한 일이겠습니다만 저는 대단히 분주하며, 또 처음 온 사람이기 때문에 밖에서 자주 식사를 해야 할 듯합니다. 금주에는 두 번이나 큰 만찬회에 참석했습니다. 하나는 이곳의 호상 도너(Donner) 씨의 만찬회이고 또 하나는 저의 선임자인 슈스터 교수의 만찬회였는데, 그는 대부분의 다른 교수들과 달리 부자입니다. 모두 대단히 친절해서 즐겁게 지내고 있습니다. 저는 교외에도 많은 강연 약속을 하여 오늘은 맨체스터 문학 및 철학회(Mmchester Literary and Philosophical Society)에서 강연을 했습니다. 앞으로 런던의 왕립연구소, 더블린(Dublin), 그리고 리버풀에서도 강연을 할 예정입니다. 따라서 앞으로도 계속 다망합니다. 저는 방사능에 관한 특별강의를 하고 있는데 청강자가 대단히 많습니다.」라는 사연이었다. 물론 연구 활동도 차츰 시작되고 일상생활도 자리잡혀 갔지만 너무 뻔한 일이기 때문에 더 이상 쓰지 않았다.

∘ 원자 알맹이의 계수: 진기적 및 섬광 계수법

그는 자신의 연구로서 그가 좋아하는 α 알맹이에 관한 연구를 곧 재개했다. 그는 가이거와 함께 알맹이 하나하나를 전기적으로 세는 방법을 개발했는데 이것은 충돌에 의한 이온화 현상을 이용한 것이다. 이 현상은 캐번디시 연구소에서 타운센드에 의해 연구되고 있었는데 이 사람은 러더퍼드가 처음에 케임브리지에서 실험을 했을 때의 친구이며 이미 앞에서 소개한 바 있다. 스파크를 일으키기 직전의 높은 전압을 낮은 압력의 기체에 걸어 주면 음이온이 큰 속도를 얻게 되며 이것이 다른 분자와 충돌하여 새로운 이온을 만든다. 따라서 이 과정이 되풀이되면 처음에는 소수였던 이온이 마지막에는 몇 베로 늘어나서 비교적 큰 전기적 효과를 나타내게 된다. 러더퍼드와 가이거는 놋쇠로 만든 관의 중심축에 따라서 가는 철사를 고정시키고 이 중심선을 전기계에, 그리고 외부관을 전지의 음극에 접속시켰다. 그리고 전압은 스파크를 일으키기에 필요한 것보다 약간 낮게 해 주고 관내의 기체 압력은 약 1/20기압이었다. α 알맹이가 가는 구멍을 통해 이 계수관에 들어간 다음 중심선에 따라서 평행하게 운동할 수 있도록 하기 위해 계수관에다 길이가 약 5m 되는 긴 관을 붙이고 이 관의 다른 한쪽 끝에다 α 알맹이원을 붙여 놓았다. 긴 관은 α 알맹이가 자유롭게 통과할 수 있도록 하기 위해 고진공으로 해 주어야 하며 계수관 속에는 낮은 압력의 기체가 채워져 있으므로 가는 구멍은 얇은 운모 조각으로 막아 놓았다. 방사선원이 이처럼 멀리 떨어져 있고 구멍도 대단히 작기 때문에 선원에서 나오는 알맹이는 수백만 개 중의 하나꼴로 계수관 속으로 들어간다. 사용한 전기계는 반응이 느리고 제자리로 돌아가는 데도 시간이 걸렸으므로 1분간 2, 3개 정도의 알맹이를 셀 수 있게 조정해야만 했다. 그들은 후에 개량된 기계, 즉 섬조 전기계(string electrometer)를 사용하여 계수 속도를 대폭적으로 늘리는 데 성공했다. 섬조 전기계는 평행 전극판 사이에 전도성 실을 집어넣은 것으로서 전하의 변화에 민감한 반응을 나타낸다. 이 사실은 고속도의 원자를 하나하나 세는 데 성공한 최초의 실험으로서 원자 물리학의 연구에 있어서 큰 진전인 것이다.

1913년에 발명된 유명한 가이거 계수관도 마찬가지 원리로 충돌에 의한 이온화 현상을 이용한 것인데, 중심선 대신에 끝이 뾰족한 가는 막대를 이용해서 이것을 섬조 전기계에 접속시켰다. 이 가는 막대에는 방전을 일으키기에 필요한 값보다 약간 낮은 전압을 걸어 주었다. 가는 막대의 뾰족한 끝 앞에는 얇은 막으로 덮인 알맹이가 들어오는 구멍이 있으며 이렇게 해서 감도를 높여 줄 수 있게 해 놓았다. 현재에는 전기계 대신 진공관이 쓰이고 있으며 순간적인 전기적 맥동이 기계적 계수기로 기록되거나 기록기에 연결되어 나오게 되어 있다.

저울로는 도저히 측정할 수 없을 정도의 소량의 라듐이라도 그 가선의 세기를 측정하기만 하면 저울질이 되는 브롬화 라듐의 γ선과 비교함으로써 그 양을 측정할 수 있게 되었다. 이러한 실험의 결과 순수한 라듐 1g은 매초 340억 개의 α 알맹이를 방출한다는 것이 알려졌다. 라듐이 그 세 가지 붕괴 생성물과 평형을 이루고 있을 때는 그보다 4배의 알맹이를 방출한다. 이 값은 러더퍼드가 처음에 α 알맹이의 양전하를 측정했을 때 얻은 값보다 훨씬 정확한 값이다. 러더퍼드와 가이거는 라듐 시료를 γ선의 세기로부터 구하고 이 시료로부터 나온 α 알맹이가 단위 시간에 얼마만큼의 전기량을 운반하는가를 전보다 훨씬 정확하게 측정했다. 이 라듐 시료가 방출하는 α 알맹이의 수는 계산할 수 있으므로 α 알맹이의 전하를 상당히 정밀하게 구할 수 있다. 이 전하는 부호는 양이지만 그 크기는 전자의 약 2배임을 알게 되었다. 따라서 α 알맹이의 전하는 마땅히 그 크기가 정확히 전자의 전하의 2배가 되어야 한다. 당시에는 α 알맹이의 전하를 측정하는 것이 전자의 전하를 측정하는 것보다 정확했기 때문에 러더퍼드와 가이거가 얻은 전하량의 1/2을 기본 전기량인 전자의 전하의 가장 정확한 값으로 보고 그 후 수년 동안 이것을 표준치로 삼았다. 이 값은 후에 시카고에서 밀리컨

이 직접적이고도 보다 정확하게 측정한 값으로 대치되었다.

같은 1908년에 러더퍼드와 가이거는 α 알맹이를 하나씩 셀 수 있는 또 하나의 방법을 연구했다. α 알맹이가 인광성 황화아연과 같은 인광물질에 닿았을 때 나오는 빛은 표면 전체에서 균일하게 나오는 것이 아니다. 윌리엄 크룩스와 또 한편으로 엘스터와 가이텔이 1903년에 독립적으로 발견한 바와 같이 이 빛을 확대경으로 보면 순간적으로 반짝이는 무수한 점들로 되어 있다. 이 작은 반짝이는 점들을 섬광(scintillation)이라고 부른다. 크룩스는 일종의 장난감 과학 기계를 고안하여 이 현상을 일반 사람들에게 보여 주었다. 이 기계는 황화아연을 바른 면의 앞에다 미량의 라듐을 놓고 단렌즈(simple lens)로 이면을 보게 만든 것이다. 암실에서는 순간적으로 반짝이는 점이 잘 보인다. 반짝이는 점들은 각각 한 개의 α 알맹이에 의한 것으로 생각되었다. 1g의 라듐이 방출하는 엄청난 수의 알맹이를 생각할 때 이러한 장난감으로 비교적 소수의 섬광을 발생시키는 데는 극소량의 라듐으로도 충분하리라는 것은 말할 필요도 없다.

러더퍼드와 가이거는 알맹이를 하나씩 세는 수단으로 이 사실을 이용했다. 즉 섬광 하나를 알맹이 하나로 보자는 것이다. 이 실험은 물론 암실에서 해야 하며 어두운 곳에서 약 15분쯤 앉아서 약한 섬광을 볼 수 있도록 눈을 적응시켜야 한다. 실험 결과 섬광법으로 계산한 알맹이 수는 전기적 방법으로 얻은 값과 잘 일치했다. 이것으로 섬광 관측법은 실험실에서의 장난이 아니고 정확한 실험 수단이 된다는 것을 알게 되었다. 후에 이야기하겠지만 섬광 계수법은 수년 후에 극히 중요한 결과를 낳았다.

거의 같은 때에 러더퍼드는 일정량의 라듐과 평형에 있는 라듐 방사물의 부피를 극히 작은 값이었지만 직접 측정하는 데 성공했다. 따라서 1gm의 라듐과 평형에 있는 라듐 방사물의 부피를 알게 되었다. 또한 한편으로는 이 즈음에 1gm의 라듐이 매초 방출하는 α 알맹이의 수를 측정하는 데 성공했으며 이 결과로부터 라듐 방사물의 양을 계산해 본 결과 실험치와 일치한다는 것을 알았다. 이것은 그들의 주장이 옳다는 것을 증명하는 증거이기도 하다. 러더퍼드와 로이즈는 또한 앞 장에서 이야기한 바와 같이 라듐 방사물의 스펙트럼을 세심하게 찍었다.

지금까지 이야기한 것은 러더퍼드가 맨체스터에 부임한 해에 이루어진 일들로서 러더퍼드와 그의 협력자들이 얼마나 빠른 속도로 일을 했는가를 보여 주는 좋은 예이다. 1908년 7월에 그는 그가 어떤 일을 하고 있으며 또 지금까지 그렇게 부지런히 일해 본 적이 없다는 내용의 편지를 한에게 써 보냈다. 이미 앞에서 인용한 부인에게 보낸 편지에서 다시는 그토록 심하게 일하지 않겠다고 말한 것과는 너무나 대조적이다. 한에게 보낸 편지에서 그는 또 「가이거는 훌륭한 사람이며 마치 노예처럼 일을 하네. 만사가 잘 되기 전까지는 고역을 고역이라고 말할 수 없겠지.」라고 말했다.

◦ 노벨 화학상

1908년 봄에 러더퍼드는 브레사상(Bressa Prize)을 받았다. 이 상은 이탈리아에 있는 토리노 과학아카데미[The Academy of Sciences of

Turin(Torino)]가 분야에 관계없이 실험 과학의 최우량 서적에 대해 수년 만에 한 번씩 주는 것이다. 이 상금은 384파운드밖에 안 되었으나 그는 대단히 흡족해했다. 그런데 그보다도 더 큰 명예가 이어서 찾아왔던 것이다.

같은 해인 1908년 11월에 러더퍼드에 대한 노벨 화학상 수상 발표가 있었고 그다음 달에 그는 스웨덴 왕립 과학아카데미(Swedish Royal Academy of Science)가 주관하는 엄숙한 시상식에 참석하기 위해 스톡홀름(Stockholm)으로 떠났다. 또 다른 노벨상 계관자(laureate, 고대 그리스인들이 국민적 경기의 우승자나 기타 걸출한 사람의 머리에다 월계수로 만든 관을 씌워 주었기 때문에 수상자에게 이런 이름이 붙었다)는 이미 이야기한 리프망, 독일의 위대한 미생물학자인 파울 에를리히(Paul Ehrlich, 1854~1915), 그리고 에를리히와 의학상을 공동으로 받은 러시아의 대학자 일리야 메치니코프[26](Ilya Metchnikoff, 1845~1916)였다. 그들은 스웨덴 국왕과 왕비가 베푸는 연회에 초대되었다. 공식 기록에 의하면 그 영광을 축하하는 축배에 대해서 러더퍼드는 물리학 교수가 돌연 노벨 화학상을 받을만하다는 인정을 받게 되어 놀랐었다고 약간 익살스러우면서도 우아함이 넘치는 태도로 답사를 했다는 것이다. 실제로 그는 그때까지 반감기가 각양각색인 여러 변환을 다루어 왔지만 그중에서 반감기가 가장 빨랐던 것은 일순간에 물리학자로부터 화학자로 변한 자기 자신의 변환이었다고 말했다.

이때 행한 관례적인 강연에서 그는 「방사성물질이 내놓는 알맹이의

26 역자 주: 프랑스에 귀화하여 엘리(Elie)로 이름을 바꾸었다.

화학적 성질」(The Chemical Nature of the Alpha Particles from Radioactive Substances)이라는 제목을 택했다. 화학적이라는 말을 쓴 것은 두말할 것도 없이 그가 받은 상 때문이었다. 그는 α 알맹이의 본질과 성질을 결정한 경과를 말하고 이어서 그가 소디와 함께 제창한 방사성 붕괴 이론을 설명했다. 강연의 끝머리에서 그는 가이거와 공동으로 연구한 전기적 및 섬광법에 의한 α 알맹이의 계수 방법을 설명하고, 덧붙여서 이것은 물질의 원자 하나하나를 그 전기적 작용과 발광 작용에 의해서 센, 사상 최초의 일이었다고 말했다. 그리고 이것이 가능했던 것은 α 알맹이가 큰 에너지를 가지고 있다는 바로 그 사실 때문이라고 지적했다. 끝으로 우라늄이나 토륨 또는 라듐을 이미 알거나, 모르는 어떤 원소와 헬륨이 결합한 보통의 분자 화합물로 보려는 생각은 여러 가지 실험 사실로 볼 때 절대로 맞지 않는 것이라고 주장하고 선견지명을 발휘하여 많은 원소의 원자량이 4, 즉 헬륨의 원자량만큼씩 달라질지도 모른다고 말하면서 강연을 끝마쳤는데 러더퍼드의 이 생각은 후에 사실임이 증명되었다. 며칠 후에 그는 모친에게 그들 내외가 스톡홀름에서 대단히 즐거운 시간, 「실제로 생애 최고의 시간」을 보냈다는 내용의 편지를 보냈다.

∘ 알파 알맹이의 산란

스톡홀름에서 돌아온 후에도 러더퍼드는 방사성 원소의 방사선에 관한 연구를 한결같이 꾸준한 속도로 진행시켰다. α 알맹이의 방사에 수반되는 원자의 반조 현상(recoil)은 총알을 쏘았을 때의 총의 반동과 비슷한 퍽 흥미 있는 연구로서 발터 마코버(Walter Makower) 등이 손을 대고 있었다. 한도 독일에서 비슷한 문제를 연구하고 있었다. 슈스터가 즐겨 했던 분광학에 관한 연구도 더필드(W. G. Duffield), 에번스(E. J. Evans), 로시(R. Rossi) 등에 의해서 맨체스터에서 꾸준히 계속되었는데 러더퍼드는 여기에 대해서는 그다지 흥미를 나타내지 않았다.

맨체스터 재임 중 최대의 발견은 러더퍼드가 애용하는 α 알맹이를 써서 산란 현상에 관한 실험을 하다가 얻은 것이다. α 알맹이나 β 알맹이의 가느다란 선속(beam)이 금속과 같은 고체의 박막을 통과하게 되면 그 선속의 경계가 선명하지 않게 된다. 즉 편평한 선속을 사진 건판에 쬐면 그 선속이 박막을 통과하지 않을 때는 또렷한 띠 모양을 나타내지만 박막을 통과해 나온 것은 띠의 폭이 조금 넓어지고 그 경계가 흐려져서 또렷하지 않게 된다. 이 현상은 러더퍼드가 맥길에 있을 때 처음 발견한 것인데, 막이 두꺼울수록 띠의 폭도 넓어진다. 물론 막이 너무 두꺼우면 알맹이가 전혀 통과해 나오지 못한다. 이 현상은 알맹이가 고체 속을 통과하면서 원자와 충돌하기 때문에 곧게 나가지 못하고 옆으로 빗나가게 되는 이른바 알맹이의 진행 방향의 산란 때문이라고 볼 수 있는 것이다. 산란은 액체나 기체 속을 통과할 때도 일어나지만 액체는 고체 용기 속에 넣어야 하기 때문에 문제가 조금 복잡해지며 또 기체 속의 산란은 말할 것도 없이 너무 약하다.

선의 산란에 관해서도 많은 실험이 이루어졌지만 대단히 복잡하기도 하려니와 당시의 연구로부터는 별다른 중요한 결과를 얻지 못했으므로 여기서는 더 이상 언급을 하지 않겠다. 그러나 α 알맹이의 경우는 사정이 전혀 다르며 대단히 중요한 결과를 얻었기 때문에 상당한 지면을 할애해야 할 것 같다.

1908년에 가이거는 α선 산란을 측정하는 데 섬광법을 이용했다. 그는 적당한 슬릿을 통해 나온 α 알맹이의 편평한 선속을 인광성 황화아연의 스크린에 투사했다. 그리고 공기에 의한 산란을 막기 위해 이 장치 전제를 진공으로 해 주었다. 선속의 통로에 장애물이 없을 때는 예상대로 알맹이가 직전할 때 충돌하게 되는 부분에서 섬광이 나타났다. 그러나 슬릿과 인광성 스크린 사이에다 금속의 박막을 삽입해 놓으면 직진로에서 빗나간 알맹이에 의한 섬광이 나타났다. 이 섬광을 조심스럽게 세어 본 결과, 빗나간 알맹이의 수는 예상대로 각도가 증가함에 따라 급격히 감소한다는 것을 알게 되었다. 그리고 이 실험에서 관측된 최대 각도는 불과 몇 도밖에 안 되었다. 그러나 몇 가지 흥미 있는 중요한 사실은 산란량은 박막의 두께가 증가할수록 커지며, 또 금속의 원자량이 클수록 증가함을 관찰한 것이다. 즉 박막이 두꺼울수록 충돌 횟수가 많아지며 충돌하는 원자가 무거울수록 한 번 충돌에 의해서 빗나가게 되는 각도가 크다는 것이다.

∘ 가이거와 마스든의 연구

다음 해에도 가이거는 어니스트 마스든(Ernest Marsden)의 도움을 받으면서 연구를 계속했다. 마스든은 당시 불과 20세였고 아직 학위도 받지 않았다. 러더퍼드가 행한 생전의 마지막 강연(다행히 기록이 남아 있다)에서 그는 다음과 같은 말을 했다. 「어느 날 가이거가 와서 지금 내가 방사능의 기술을 가르치고 있는 마스든이라는 젊은 친구에게 자그마한 연구를 시작하게 하면 어떻겠느냐고 물어 왔습니다. 나도 역시 같은 생각을 가지고 있었기 때문에 α 알맹이가 혹시 더 큰 각도로 산란되는 일이 없는지를 조사해 보라고 일렀습니다. 자신 있게 말하지만 나는 이런 현상이 일어나리라고는 생각하지 않았었습니다. 그 이유는 α 알맹이는 큰 에너지를 가지고 있는 속도가 빠른 무거운 알맹이라는 것이 알려져 있었기 때문에 만일 산란이 여러 번의 충돌 때문에 일어나는 것이라면 α 알맹이가 후방으로 산란될 확률은 극히 희박하다는 것을 증명할 수 있었기 때문입니다. 그런데 며칠 후에 가이거가 몹시 흥분한 채로 와서 얼마간의 알맹이가 되돌아 나오는 것을 발견했다고 보고한 것을 나는 기억합니다. 이것은 내 일생에 있어 가장 믿기 어려운 현상이었습니다. 그것은 마치 40㎝ 포탄을 얇은 종이에 대고 쏘았더니 뒤로 튕겨 나와서 총을 쏜 사람을 맞추었다는 이야기와 비슷한 것이었지요.」라고 말했다. 러더퍼드가 볼 때 α 알맹이는 원자 세계에서 거대한 에너지를 갖는 탄환이었던 것이다.

러더퍼드가 이야기한 현상을 좀 더 자세히 알아보자. 결과적으로 볼 때 많은 수확을 가져오게 한 이 실험에서 가이거와 마스든은 금속박의 두께와 종류를 바꾸어 가면서 가느다란 α선 속을 여기에 통과시켜 보았다. 금속박이 충분히 얇을 때는 대부분의 알맹이가 곧바르게 통과해 나가지만 그중 서너 개의 알맹이는 거의 90°에 가까운 큰 각도로 빗나가며 때로는 반대 방향으로 되돌아 나오는 알맹이도 있었다. 이것은 마치 울퉁불퉁한 거친 벽으로부터 공이 튀어나오는 것과 비슷했다. 그들도 처음부터 이와 같이 생각했는지는 알 수 없지만 이것이 적어도 표면 현상이 아니라는 점만은 곧 인식하게 되었다. 그 이유는 두께가 증가함에 따라 되돌아 나오는 알맹이의 수가 점점 증가하지만 어느 정도까지 증가하면 더 이상 증가하지 않았기 때문이다. 이 사실은 알맹이가 어느 일정한 두께까지만 침투하여 금속 내부의 원자와 충돌하기 때문이라고 볼 수 있는 것이다. 즉 알맹이가 투과할 수 있는 한계치 이상으로 두께가 증가하더라도 되돌아 나오는 알맹이의 수는 더 이상 증가하지 않는다는 것이다. 가이거와 마스든은 또한 어떤 일정한 각도로 튀어나오는 알맹이의 수는 충돌되는 금속의 원자량, 즉 원자량이 증가할수록 많아진다는 사실도 알아냈다.

그러면 가이거의 처음 연구 과제였던 이른바 박막을 통과해 나오는 알맹이의 소각도 산란(small scatter)은 금속을 통과해 나오는 알맹이가 우발적인 극히 작은 산란을 전후좌우로부터 수없이 많이 받기 때문에 일어나는 것이라고 설명할 수 있다. 이 현상을 좀 더 구체적으로 설명하기 위해 수없이 많은 철사가 서로 평행하게 수평으로 놓여 있는 간단한 모형을 생각해 보자. 여기에다 작고 무거운 구슬을 떨어뜨리면 철사들은 구슬의 산란점으로 작용할 것이고 따라서 구슬은 때로는 우로, 때로는 좌로 튕겨 나가게 되지만, 그 어느 한쪽으로 크게 튕겨 나갈 확률은 대단히 작을 것이다. 대다수의 구슬은 처음에 떨어뜨렸던 점의 거의 바로 밑으로 떨어지지만 그중 얼마는 빗나갈 것이고 빗나가는 거리가 멀수록 구슬의 수도 급격히 감소할 것이다. 몇 도 이내의 작은 각도의 산란을 받은 α 알맹이의 분포는 바로 이러한 현상과 비슷하다.

동전을 100번 던져서 그 전면이 60번 나올 확률을 확률론적으로 계산할 수 있는 것과 같이 α 알맹이가 일정한 각도로 산란하는 확률 역시 α 알맹이가 여러 번의 충돌에 의해서 그때마다 조금씩 빗나간 것이 축적되어 그 결과 산란이 일어나는 것이라고 가정하면 쉽게 계산해 낼 수 있을 것이다. α 선속이 박막을 통과할 때 여기서 문제시되고 있는 것과 같은 소각도 산란을 받은 알맹이의 분포는 위에서 말한 바와 같은 생각으로 만족스럽게 설명할 수 있다는 것을 알았다. 이 이론은 각각의 알맹이가 많은 소각도 산란을 받는다고 가정하기 때문에 다중 산란(multiple scattering) 이론이라고 부른다.

α 알맹이가 많은 소각도 산란에 의해서 직각에 가까운 큰 각도로 산란하는 확률 역시 마찬가지로 계산할 수 있는데 그 값은 대단히 작다는 것을 알게 되었다. 따라서 알맹이가 되돌아올 정도의 대각도 산란은 다중 산란의 관점에서 볼 때 불가능하다고 말할 수 있다. 그럼에도 불구하고 가이거나 마스든은 그 수가 많지는 않지만 대각도 산란의 뚜렷한 증거를 잡았던 것이다. 예컨대 백금박을 산란체로 사용할 경우, α 알맹이 8,000개를 통과시키면 그중 한 개가 90° 이상의 산란을 받는다.

지금까지 대수롭지 않은 이야기를 굉장히 많이 한 것같이 생각할지도 모르지만 이 사실은 도저히 경시할 수 없는 것으로 판명되었다. 이미 지적한 바와 같이 산란 작용은 어느 정도까지는 박막의 두께가 증가할수록 커진다는 사실에서, 금속 속으로 뛰어 들어간 알맹이가 반대 방향으로 튕겨 나온다는 사실은 의심할 여지가 없게 되었다. 불과 몇 개의 알맹이가 뜻밖에 튀어 나왔다는 사실은 보통 사람에게는 대수롭지 않게 보였을 것이다. 즉 이것은 필경 방사성물질의 오염 때문일 것이라고 생각하고 말았을지도 모른다. 그러나 α 알맹이가 엄청나게 큰 에너지를 가지고 있는 작은 총알이라고 본 러더퍼드로서는 이 현상이 정말로 이상했다. 앞에서 이미 이야기한 바와 같이 이것은 그의 한평생에서 가장 납득할 수 없었던 일이었다. 초속(시속이 아니라) 25,000㎞의 초고속도로 날고 있는 원자 알맹이를 정반대 방향으로 튕겨 보낼 정도로 큰 원자의 힘이 과연 존재할 수 있을까?

가이거와 마스든의 연구는 1909년에 끝났다. 러더퍼드는 다른 여러 가지 일에도 마음을 써야 했지만, 그의 마음을 무겁게 해 주었던 이 이상한 결과를 골똘히 생각하느라고 상당한 시일을 보냈다. 가이거는 「1911년 초의 어느 날 러더퍼드는 최고로 상쾌한 기분으로 내 방에 들어오더니 원자가 어떤 것인지 겨우 알게 되었으며, α 알맹이의 대각도 산란도 설명할 수 있게 되었다고 말했다. 바로 그날부터 나는 러더퍼드가 예상한 산란되는 알맹이의 수와 산란각 사이의 관계를 확인하기 위한 실험을 시작했다.」라고 말한 바 있다.

◦ 비어 있는 원자의 내부

당시에 원자 구조에 관한 지식이 어느 정도였던가를 우선 생각해 보

자. 지난 세기말 즉 맥스웰의 시대에는 원자를 당구공과 비슷한 고체 알맹이라고 생각했다. 그리고 기체는 끊임없이 서로 충돌하는 수없이 많은 작은 고체 알맹이들의 집합이라고 생각함으로써 기체의 여러 성질을 탈 없이 설명해 줄 수 있었다. 러더퍼드도 물론 이러한 전통적인 개념을 교육받았는데, 그 예로 그는 언젠가 「나는 원자라는 것은 기분에 따라 빨갛게도 되고 때로는 회색으로도 되는 몹시 단단한 알맹이라고 배웠다.」라는 말을 한 적이 있다. 레나르트는 1903년에 원자란 공간투성이의 구조를 가지고 있으며 그 속이 거의 비어 있다는 것을 처음으로 밝혔다. 그는 소위 레나르트 창(Lenard window)이라는 것이 달린 음극선관을 써서 이 사실을 밝혀냈는데 레나르트 창이란 관의 측면 벽에 대단히 작은 구멍을 뚫어 놓고 여기에다 기체 분자는 통과시키지 못하지만 고속 전자의 흐름인 음극선은 통과시킬 수 있는 얇은 알루미늄박을 붙여 놓은 것이다. 그는 고속 전자가 비교적 두꺼운 박을 잘 통과해 나가는 것을 발견했다. 일정한 부피 속에 들어 있는 원자의 수와 원자의 크기는 대략 알고 있었으므로 그가 관측한 대로 전자가 박을 통과해 나가려면 이론적으로 계산해 볼 때 고속 전자는 원자 내부를 자유롭게 통과할 수 있어야 하는 것이다.

그리하여 레나르트는 원자는 한 단위의 양전하와 전자가 결합한 알맹이[이 가상적인 알맹이를 그는 다이너미드(dynamid)라고 불렀다]로 되어 있으며, 따라서 원자는 전체적으로 중성일 것이라고 생각했다. 다이너미드의 전기장은 대단히 좁기 때문에 전자는 이들 사이를 자유로이 통과할 수 있다고 생각했다. 그는 자기의 발견에 대해서 「1㎥의 백금 덩어리가 차지하는 부피

중에서 그 다이너미드가 차지하는 부피는 1㎣, 즉 전체의 불과 10억 분의 1도 안 되며 그 나머지는 전부가 빈 공간에 지나지 않는다.」라고 인상 깊게 설명했다. 이것은 원자가 공간투성이라는 것에 대한 최초의 증명이었다.

이보다 조금 뒤에 원자의 화학적 성질이 주기적으로 변한다는 사실에 더 많은 관심을 가졌던 J. J. 톰슨은 「원자는 양전기의 구로서 그 속에는 이 양전기를 중화시킬 만큼의 전자가 박혀 있다.」라는 켈빈의 생각을 발전시켜 나갔다. 즉 전자는 한 평면 내의 동심원상에 배열되는데, 이러한 일련의 원들은 차례로 완성되기 때문에 화학적 성질이 주기적으로 변한다는 것이다. 이 밖에도 양전하와 음전하를 가지고 원자 구조를 설명하려는 노력이 많이 이루어졌지만 그 어느 하나도 실험적으로 확인할 수 있을 정도의 정밀한 것은 되지 못했다. 물리학의 이론이 확인되려면 그 이론으로부터 어떤 양적 관계가 유도되어 나오고 또 이 관계가 실험적으로 확인되어야 하는 것이다. 이와 같이 실험으로 확인할 수 있는 양적 결론이 나오지 않기 때문에 대부분의 과학자들은 원자 구조에 관하여 진지하게 생각하려고 하지 않았다. 원자 구조에 관한 사변은 화성이나 기타 다른 어떤 행성에 생물이 존재하는가에 관한 사변과 비슷한 종류의 것으로서 흥미롭기는 하지만 확인할 수 없는 것이었다. 그런데 러더퍼드가 이러한 양상을 바꾸어 놓은 것이다.

∘ 원자 구조에 관한 러더퍼드의 최초의 논문

러더퍼드는 α 알맹이가 금속이나 유리 등과 같은 물질의 박막을 쉽게 통과해 나간다는 것은 이상한 일이라고 생각했다. 그리하여 1909년에 이 문제에 관해서「두 물체가 같은 장소를 동시에 차지할 수 없다는 단정이 대부분의 경우에는 그대로 성립하지만 물질 알맹이가 대단히 빠른 속도로 운동하고 있을 때는 성립하지 않는다.」라고 말했다. α 알맹이가 원자와 충돌할 때 생기는 큰 각도의 반발이 무수한 소각도 산란의 축적 때문이라고는 설명할 수 없으며 여기에 대해서 그가 대단히 놀랐다는 것은 이미 이야기한 바와 같다. 그가 가이거에게 원자가 어떤 것인지 알았다고 말했을 때 도달한 결론은「α 알맹이의 대각도 산란은 모두 단 한 번의 충돌에 의해서 일어나는 것이 분명하다. 그리고 이 단 한 번의 충돌로 이처럼 큰 산란을 일으키려면 극히 작고도 무거우며 또한 많은 양의 전하를 띠고 있는 알맹이와의 충돌 때문일 것이다.」라는 생각이었다. 그리하여 그는「원자에는 그 자체의 크기에 비해 극히 작으며 또 바로 그 턱밑까지 접근할 수 있는 중심 알맹이가 있고 원자의 질량은 전부 이 중심 알맹이에 집중되어 있음이 분명하다.」라고 결론지었다. 산란 실험에 쓴 박막의 원소는 그 중심 알맹이가 전자의 전하의 몇 배가 되는 큰 전하를 가지고 있음에 틀림없다. 그리고 원자가 전체로서 중성을 유지하려면 후에 원자핵이라고 부르게 될 이 중심 알맹이의 둘레를 반대 부호의 전하가 얇게 둘러싸고 있어야 한다. 이상과 같은 개념을 가지고 그는 원자 구조에 관한 최초의 논문을 만들었다.

원자의 핵 구조를 전제로 한 이 α 알맹이의 대각도 산란 이론을 러더퍼드가 최초로 발표한 것은 맨체스터 문학 및 철학회에서였다. 이 학회는 일찍이 1781년에 창립된 것으로서, 철학적(Philosophical)이란 말은 이미 철학 잡지와 연관해서 설명한 바 있듯이 자연 철학(Natural Philosophy)이란 뜻으로 쓴 것이며 오늘날의 과학적(Scientific)이라는 말과 같은 뜻으로 쓰였다. 이 학회의 《회지》(Memoirs)는 1789년에 처음 발간되었다. 화학적 원자론의 기초를 이루어 놓은 유명한 화학자 존 돌턴(John Dalton, 1766~1844)은 1794년 이 학회에 가입했는데 그는 그의 거실과 실험실을 학회 건물 안에 자유로이 마련할 수 있었다. 그는 1817년에 이 학회의 회장이 되어 종신토록 그 직을 맡았고 116편의 학술 논문을 이 학회지에 제출했다. 따라서 원자에 관한 새로운 이론을 이 지방 학회에 최초로 보고한 것은 그 나름대로 어울리는 일이었다고 볼 수 있다. 러더퍼드가 그의 모친에게 보낸 편지를 이 장의 첫 부분에 소개한 바 있지만 거기에 그 사정이 기록되어 있다. 그러나 완전한 역사적인 논문은 그보다 두 달 후에야 《철학잡지》 1911년 5월호에 발표되었다. 이 Phil. Mag.에 발표한 것이 러더퍼드의 이론의 진짜 원본이다. 그 까닭은 맨체스터의 학회에 보고한 논문은 짧은 요약에 불과했으며 전문이 소개되지 않았기 때문이다.

러더퍼드는 그의 이론을 소개한 이 최초의 논문에서 Ne의 전하를 가진 무거운 중심, 즉 후에 원자핵이라고 부르게 된 이 중심은 다른 종류의 전기를 가진 구에 의해서 둘러싸여 있다고 생각했다. 여기서 e는 단위 전하량, 즉 전자의 전하량이며 N은 정수이다. 여기서 러더퍼드는 「중심 전하는 양일지 모르지만 또 음일 수도 있다」라고 생각했다. 그 이유가 조금 석연치 않게 들릴지도 모르지만 실제로 하전 알맹이, 즉 α 알맹이가 휘는 것은 중심 알맹이가 양이건 음이건 마찬가지이기 때문이다. 만일 중심 전하가 음이면 양전하의 알맹이는 그 옆을 스쳐 간 다음에 되돌아와서 중심 전하의 둘레를 돌아나갈 수 있을 것이다. 이것은 마치 태양에 끌리고 있는 혜성이 태양 둘레를 돌아나가는 것과도 같다. 또 반대로 중심 전하가 양일 경우에는 그 근처로 날아온 양전하의 알맹이에 반발력을 미쳐서 되

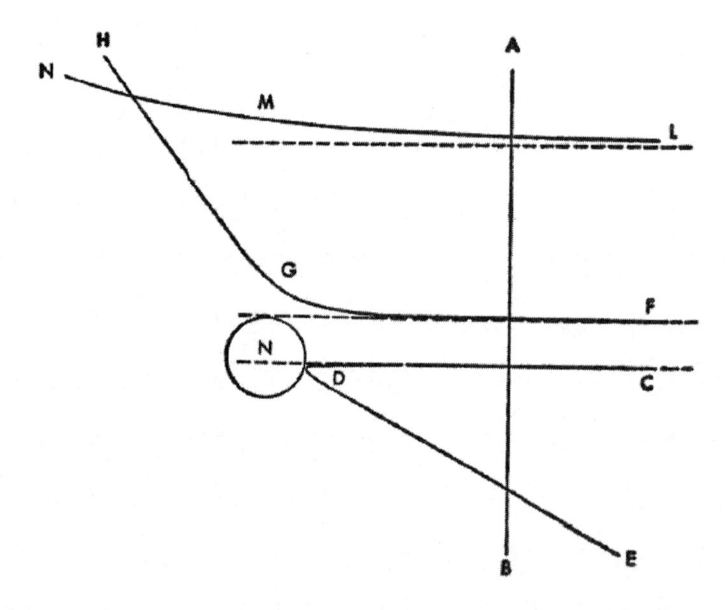

〈그림 1〉 세 α 알맹이의 궤도를 나타낸 것으로, 하나는 원자핵의 거의 중심을 향하며, 다른 하나는 원자핵의 표면을, 그리고 나머지 또 하나는 원자핵으로부터 얼마쯤 떨어진 곳을 향하고 있다

돌아 나가게 할 것이다. 이 최초의 논문에서 러더퍼드는 편의상 중심 전하를 양전하로 생각해도 좋다고 말했지만 원자 내의 전하에 관해서는 한마디도 언급하지 않았다. 그는 다만 산란만을 문제로 삼았다. 예컨대 각도가 10° 이상인 산란을 일으키려면 α 알맹이가 원자핵에 충분히 접근해야 하므로 같은 알맹이가 그렇게 가까운 거리에 두 번 다시 접근할 수 있는 확률은 거의 무시할 수 있다. 마찬가지로 원자핵을 둘러싸고 있다고 생각되는 대단히 얇게 퍼진 반대 부호의 전기의 영향도 무시할 수 있다. 즉 단 한 번의 산란만이 문제였다.

∘ 러더퍼드의 산란 법칙

러더퍼드는 α 알맹이의 궤도가 혜성의 궤도와 같이 쌍곡선이 아니면 안 된다는 것을 증명했다. 입사 알맹이는 원자핵을 정확하게 조준할수록 점점 더 큰 각도로 반발한다. 〈그림 1〉에는 이러한 쌍곡선 궤도를 세 개 그려 놓았다. 산란물질의 박—금박이라고 가정하자—에 입사되기 전 알맹이의 직진로는 박의 표면에 평행하게 그은 직선 AB에 수직이며 점선으로 표시되어 있다. N을 중심으로 한 원은 원자핵을 나타내며 그 크기는 α 알맹이가 이곳에 도달할 때까지는 보통의 정전기적 반발력을 받는다고 생각하고 취한 것이다. 궤도 CDE의 경우는 알맹이가 처음에 그림에서와 같이 원자핵의 중심 근처를(원자핵 반경의 약 8분의 1쯤 빗나간) 향하다가 마침내 그 방향이 125° 휘어져서 입사했던 쪽으로 튀어나온다. FGH의 경우에는 처음의 방향이 원자핵의 표면 근처를 향하며, 알맹이가 박을 통과해 나가기는 하지만 53°나 되는 큰 각도로 방향이 휘어진다. 다중 산란의 이론에 의하면 이와 같은 큰 각도의 산란은 거의 일어날 수 없으므로 이러한 산란은 결코 관측되어서는 안 된다. LMN의 경우에는 알맹이의 처음 방향이 원자핵의 중심으로부터 반경 약 5배쯤 떨어진 곳을 향하며 알맹이의 방향이 11° 휘어지는데 이것 역시 다중 산란으로는 도저히 일어날 수 없는 큰 각도의 산란이다.

여기서 우리가 생각하는 대상이 어느 정도의 치수(크기)를 갖는가를 말해보면 이 그림(그림 1) 위에서 볼 때 이웃의 금 원자핵은 N으로부터 약 90m나 떨어진 곳에 있으며, 가이거와 마스든이 산란 실험에 사용한 금박은 약 3,000개의 원자가 포개져 있는 중정도 두께의 것으로서 이 그림 위에서 약 320㎞에 해당한다. 이것으로써 150° 전후의 산란이 좀처럼 일어나지 않는 이유를 쉽게 이해할 수 있을 것이다.

러더퍼드는 원자 번호와 두께를 알고 있는 물질의 박에다 주어진 속도의 α 알맹이를 쪼였을 때 어떤 주어진 방향에 따라 한 번의 산란이 일어날 확률을 수학적으로 계산했다. 가이거와 마스든은 러더퍼드의 공식에 포함된 여러 변수의 값들을 변화시켜가면서 산란각이 어떻게 달라지는가를 알아보는 실험을 했으며, 그 결과 실험치와 이론치가 대단히 잘 맞는다는 것을 확인했다. 그뿐만 아니라 러더퍼드의 이론에 의하면 산란체 박의 두께가 너무 두껍지 않은 한(즉 알맹이들을 멈추게 하지 않을 정도의), 표적이 되는 원자핵의 수는 그 두께에 비례하므로 산란은 두께에 비례해야 한다. 가이거와 마스든은 이 예상이 정확하다는 것 또한 확인했다. 다중 산란의 이론에 의하면 주어진 각도로 산란되는 α 알맹이의 수는 그 두께의 제곱근에 비례한다. 이것은 대각도 산란이 소각도 산란의 모임일 수 없다는 증거이기도 하다.

러더퍼드는 중심 전하의 크기가 원자량에 비례한다고 주장했으며, 따라서 금에 의한 산란은 알루미늄에 의한 산란의 약 50배가 될 것이라는 결론을 내렸는데 이것도 실험 결과와 일치했다. 특히 실험 결과를 비교함으로써 금의 중심 전하가 대략 e의 100배가 된다는 결론을 얻었다. 금의 원자량은 197이다. 따라서 원자의 중심 전하를 e의 단위로 나타내면 그 값이 원자량의 약 반이 된다고 생각했다. 후에 설명하겠지만 이것은 물론 매우 거친 결론이기도 하려니와 잘 맞지도 않는 이야기이다. 중심 즉 원자핵의 전하의 정확한 값은 하나의 기본적인 양이라는 것이 후에 판명되었으며, 얼마 안 가서 원자량에 비례하는가의 여부도 멋지게 그리고 간단히 해결되었다.

1961년에 맨체스터에서는 러더퍼드 50주년 기념 국제회의가 열렸는데, 이것은 러더퍼드가 그곳에서 이루어 놓은 업적을 축하하고, 러더퍼드의 산란 법칙과 원자핵 발견 50주년을 기념하기 위한 것이었다. 〈사진 7〉은 무거운 원자핵과의 센 충돌로 인해서 α 알맹이의 궤도가 휘어진 것을 나타낸 그림으로 러더퍼드의 획기적 연구를 상징한 것이며, 이 회의의 모든 편지지나 공문서 용지의 위쪽에 인쇄되었던 것이다.

이처럼 확실한 실험적 근거를 가지고 제출한 논문이 별다른 주목을 끌지 못했었다고 하면 의아하게 생각할지도 모르지만, 그 헤아릴 수 없을 정도로 엄청난 중요성도 처음에는 전혀 이해되지 못했었다. 방사능의 발견과 그 초기의 발전에 그처럼 많은 관심을 보였던 일반 지식층이 이 논문의 중요성을 전혀 의식하지 못했음은 물론, 과학계에서도 마찬가지로 무관심했었다. 그때그때의 주요한 과학 소식을 잘 판단해서 발표하는 세계적인 유명한 주간지 《네이처》에서도 이 맨체스터 논문을 극히 간단하게 별로 중요하지 않은 다른 논문들 정도의 크기로 함께 소개했을 뿐이었다. 러더퍼드도 자기의 일이 후에 가서 판명된 바와 같이 그렇게 획기적인 일인 줄은 미처 몰랐던 것 같다. 이 중요한 논문이 발표된 지 18개월 후에 완성되어 1913년에 출판된 『방사성물질과 그 방사선』(Radioactive Substances and Their Radiations)이라는 저서에서도 그는 α선의 산란을 논하면서 이 논문을 겨우 두 번 인용했을 뿐이다. 이 책에서는 원자핵이란 말을 단 한 번 밖에 안 썼으며, 일반적으로 하전 중심(charged center)이라는 말을 많이 사용했다. 러더퍼드는 이 책에서 「원자핵은 양전하를 가지고 있으며 그 둘레에 전자가 있다.」라고 분명히 말했지만 원자의 과학적 성질이나 X선적 성질 또는 화학적 성질에 관해서는 한마디도 언급하지 않았다. 물론 이러한 성질들은 얼마 안 가서 이 핵원자의 개념으로 완전히 놀라울 정도로 잘 설명될 수 있다는 것이 밝혀지게 되었다. 러더퍼드가 1932년에 가이거에게 「맨체스터 시절은 즐거웠지. 우리는 생각했던 것보다 많은 일을 했네.」라고 써 보냈는데 이것은 아마도 그들의 연구가 그처럼 중요한 것으로 판명되었다는 사실을 염두에 두고 한 말일 것이다.

∘ 맨체스터 연구소에서의 생활

맨체스터 시절에 남긴 수많은 중요한 업적 중에서도 가장 중요한 업적이라고 볼 수 있는 이 핵원자 발견의 이야기는 이 정도로 끝내고, 다음에는 연구소 생활 전반에 대한 이야기를 해 보겠다. 러더퍼드가 그의 사고와 정력을 기울여 모든 것을 연구에 바치고 모든 젊은 협력자들과 긴밀하게 접촉을 했던 당시의 사정은 1914년 8월에 제1차 세계 대전이 일어나면서 크게 변해 옛이야기가 되어 버렸다. 연구실은 지칠 줄 모르고 활기와 정열이 넘쳤으며 노력과 의지로 가득 차 있었다. 모두가 미지의 세계에 대한 탐구심으로 가득 차 있었다.

러더퍼드는 세계 각지로부터 많은 연구자들을 끌어들였는데 그중에는 특출한 능력의 소유자가 몇 사람 있었다. 맨체스터 시절에 그의 연구실에서 활약하던 사람의 거의 절반 정도가 그와 공동으로 연구하기 위해 해외에서 왔다. 또 맨체스터 졸업생은 전체 영국인 연구자의 반도 안 되었다.

헝가리의 폰 헤베시도 외국인 중 하나였는데 그는 맨체스터에서 방사성물질에 관한 훌륭한 전기 화학 실험을 해서 후에 노벨 화학상을 받았다. 러더퍼드는 빈의 라듐 연구소에 있는 스테판 마이어(Stefan Meyer)에게 그에 관한 편지를 썼는데 「폰 헤베시 박사가 부다페스트(Buda-Pesth)로 돌아가는 도중에 방문할 것입니다. 그는 대단히 유능한 인물이며, 방사능의 화학 분야에서 뛰어난 일을 했습니다. 그는 많은 방사성물질의 원자가를 결정한 이야기를 할 것입니다.」라고 말했다. 후에 러더퍼드는 헤베시와 더욱 친밀해졌고 극히 중요한 뜻을 가진 그의 업적을 날이 갈수록 더욱 칭찬했다. 러더퍼드는 죽을 때까지 그와 편지를 주고받았다. 후에 유명해진 된 또 한 명의 외국인은 폴란드의 파얀스〔Kazimierz(Kasimir) Fajans, 1887~1975〕인데, 그는 독일의 대학에서 일을 하다가 1936년에 미시간(Michigan) 대학의 화학 교수로 옮겨 갔다. 그에 관해서는 후에 변위의 법칙과 관련해서 이야기하게 될 것이다. 이 밖에도 물리학자들 사이에 그 이름이 널리 알려진 인물들이 많았다. 미국, 캐나다, 남아프리카, 일본, 영국 본토 등 세계 각지의 대학에서 온 사람들과 과학뿐만 아니라 모든 종류의 문제에 관해서 여러 가지 활발한 토론과 의견을 나누었다. 따라서 여기에 참석한 사람들은 물리학이나 화학 분야의 대가들의 개성을 그들을 직접 아는 사람들로부터 들을 수 있었다. 또 러더퍼드의 연구실에서는 어떤 연구가 이루어지고 있는가를 궁금해하는 사람이나 러더퍼드가 만나보고 싶어 하는 유명한 학자들이 때때로 외국에서 찾아왔다. 보어는 「그가 연구실에서 하는 일을 이야기했을 때 그의 표정은 참으로 발랄하고 즐거웠다.」라고 쓴 바 있다.

연구실 생활의 큰 특색은 방사능 실습실에서 매일 오후에 차를 같이 드는 일이었는데 러더퍼드는 거의 매일같이 그 사회를 맡았다. 그는 비스킷과 찻잔을 들고 딴 사람들과 같이 책상에 걸터앉아서 이런저런 이야기들을 나누었는데, 화제는 전문적인 과학 이야기에서부터 문학이나 일상생활의 잡담에 이르기까지 퍽 다양했다. 그리고 방사능에 관련된 이야기가 자연히 자주 나왔는데, 이때만은 그의 타고난 성격대로 좌중을 뒤흔들어 놓았다.

러더퍼드는 거의 매일같이 연구실을 방마다 돌아다녀 보았는데, 연구가 순조롭게 진행되고 있는 연구자들과는 몇 마디 말만 나누었지만, 예기치 않은 곤란에 부딪혀 있거나 의문을 가지고 있는 연구자들과는 적당한 의자를 끌어다 앉은 다음에 그의 과학적 상상력과 실험적 재능으로부터 끊임없이 솟아 나오는 여러 가지 시사를 던져 주곤 했다. 나는 당시 γ선의 파장에 관한 연구를 하고 있었는데, 이처럼 그가 실험실을 돌아보고 다닐 때 그와 내기를 하여 이긴 적이 있었다. 그는 내기 같은 것을 하는 사람이 아니었으므로 이런 일은 단 한 번밖에 없었지만 이 이야기는 그와 그의 밑에 있던 젊은 연구자들과의 관계를 잘 나타내 주리라고 생각되므로 조금 자세히 이야기하겠다. 우리들의 실험 장치에는 방사성물질에서 나오는 β선을 제거하기 위한 큰 전자석이 장치되어 있었는데 이것은 이런 β선의 영향으로 γ선을 찍는 사진 건판이 뿌옇게 흐려지는 것을 막기 위해서였다. 그런데 어느 날 이 사진 건판이 뿌옇게 나타났던 것이다. 러더퍼드는 여느 때와 마찬가지로 자리를 잡은 다음에 사고 원인에 대한 여러 가지 가능성을 이야기해 주었는데 이때 나는 "절대로 그럴 리가 없습니다."라고 답변했다. 그랬더니 러더퍼드는 "내가 1실링 걸겠네."라고 말했으며 나도 좋다고 대답했다. 나는 고장의 원인을 곧 밝혀냈는데 그것은 어려운 물리학적인 문제가 아니라 별반 대수롭지 않은 아주 간단한 것이었다. 우리들의 자석의 센 전류는 연구실의 다른 센 전류와 함께 그 전부가 배전실에 있는 배전판에 플러그를 꽂아서 끌어 쓰게 되어 있었다. 그런데 누군가가 잘못하여 우리의 플러그를 뽑았다가 다시 꽂아 놓는다는 것이 거꾸로 꽂아 놓았던 것 같다. 그 결과 전류의 방향이 바뀌어 자기장의 방향이 반대로 된 것이다. 그래서 β선이 건판 쪽으로 휘어지게 된 것 같다. 이것으로 어렵게 생각했던 문제가 간단히 풀리게 되어 한바탕 웃고 말았는데 내가 러더퍼드로부터 1실링을 받은 것은 물론이다. 나는 이 돈을 오랫동안 소중히 간직하고 있었다.

물리학과 건물에는 지하실이 있었는데 이곳에는 여러 사진용 암실을 비롯한 여러 개의 방이 있었다. 실험용 γ선을 방사하는 라듐 B와 C의 선원은 라듐 방사물을 봉해 넣은 관으로서, 그 방사능은 반감기가 3.85일이었다. 따라서 새로 방사물을 봉해 넣은 관을 가지고 일을 시작한다 하더라도 노출 시간을 차례로 늘려주지 않으면 안 되었다. 따라서 방사물의 방사능을 낭비하지 않으려면 한밤중이나 새벽에도 사진 건판을 교환해 주지 않으면 안 될 때가 있었다. 이 때문에 나는 집에서 실험실까지 3㎞나 되는 조용한 밤거리를 왕복하면서 온수 파이프 사이에 있는 암실에 내려가야 했다. 이 따뜻한 파이프 사이에 살고 있던 귀뚜라미의 높은 울음소리는 오랜 세월이 지난 지금까지도 귀에 생생하다. 이런 이야기는 「일을 제대로 하려면 사소한 불편쯤은 참아내야 한다.」라는 러더퍼드의 평소의 소신을 이야기하기 위해 늘어놓은 것에 불과하다. 특히 모즐리(H. G. J. Moseley, 1887~1915)는 형편에 맞는다고 생각하면 새벽 두 시나 세시에도 액체 공기를 만들곤 했다.

조용하고 진동이나 방사성 오염이 없는 이 지하실들은 또 어떤 특수 실험을 하는 데에도 쓰였다. 가이거는 맨체스터에서의 러더퍼드에 관한 생생한 회상록 속에서 이 사실을 다음과 같이 말하고 있다. 「나는 물리학과 건물의 제일 꼭대기에 있던 그의 조용한 지붕 밑 연구실을 기억하고 있다. 그곳에는 라듐이 저장되어 있었고 또 거기에서 방사물에 관한 많은 유명한 연구가 이루어졌다. 그가 α선 연구용의 섬세한 장치를 조립하던 음침한 지하실도 눈에 선히 떠오른다. 러더퍼드는 이 방을 좋아했다. 층계를 두 단쯤 내려가면 어둠 속으로부터 (α선의 섬광은 암실에서 세어야 한다) 머리 높이 근처에 두 개의 온수 파이프가 지나고 있으니 그것을 타고 넘으라는 러더퍼드의 목소리가 들려온다. 그리고 곧 희미한 불빛 속에 이 대가가 그의 실험 장치 앞에 앉아 있는 것이 보인다. 그리고 그는 여전히 여느 때와 마찬가지로 곧바로 실험의 진행 상황에 대해서 설명하고, 그가 극복해야 할 난점을 설명해 주곤 했다. ……」

이 맨체스터 시절의 러더퍼드는 「기독교 전사들아 전진하라」라는 노래를 큰 소리로 부르면서 실험실을 돌아다니는 것이 낙이었다. 이것은 만사가 순조롭게 진행되고 있다는 증거이며 일반적인 만족의 표시였다. 그러나 그가 항상 이렇게 기분이 좋았던 것은 물론 아니며 화를 내고 기분이 좋지 않을 때도 더러 있었는데 화가 오래가지는 않았다. 로빈슨은 그가 몹시 화를 냈다가 금방 풀어졌던 일을 회상하며 「이것으로 잘 되었네 하고 웃음을 터뜨리더니 〈기독교 전사들아 전진하라〉를 흥겹게 부르면서 순회를 시작했다.」라고 말한 바 있다. 그러나 돼지 멱따는 소리와도 같은 그의 발성을 흥겹게 불렀다고 표현한 것은 아무래도 적절하지 못한 것 같다.

러더퍼드는 임시변통의 기계라도 그것이 쓸모 있는 한 내버리지 않았다. 값비싼 훌륭한 기계가 올 때까지 기다리지 않고 연구를 진행하는 것이 중요했다. 그가 맨체스터에서 초기에 사용한 연구용 검전기는 대부분이 빈 담배통이었다. 예컨대 더 좋은 진공 펌프가 더 많았더라면 일도 수월했을 것이다. 그러나 젊었을 때의 경험에 의해서 간단한 장치로도 충분하다고 믿었는지도 모르겠다. 물론 이것은 사실이기는 했으나, 그 때문에 때로는 일을 하는 데 시간이 오래 걸리고 애를 먹기도 했다. 나에 관한 이야기를 하는 것은 쑥스럽긴 하지만, 내가 연구실에 들어간 지 2~3주가 지났을 때 겪은 일을 하나 이야기하겠다. 이미 앞에서 찬사를 곁들여 소개한 바 있는 연구실에 없어서는 안 될 조수이자 모든 사람의 벗이기도 했던 케이가 나에게 오더니 "퍼파(Papa)가 당신을 칭찬합니다"라고 말했다. 퍼파는 러더퍼드의 애칭으로 전체 연구실원들이 쓰던 말인데, 인기 있던 쇼(vaudeville)에서 따온 것이다. 나는 아마도 차 마시는 시간에 무엇인가 물리학에 관한 이야기를 한 것이 그의 마음에 들어서 이런 칭찬을 받았나 하고 좋게만 생각하면서 "어째서 그가 칭찬을 하던가?"라고 물어보았다. 그랬더니 케이는 "당신이 마분지로 사진틀을 만드는 것을 그가 보았죠. 그래서 당신이 솜씨 있게 잘 만든다고 생각하신 것이죠."라고 대답했다. 사실 당시의 용도로서는 좀 더 정교하고 값비싼 것을 쓰지 않더라도 앞면을 검은 종이로 싼 마분지틀이면 충분했던 것이다.

∘ X선 스펙트럼에 관한 모즐리의 실험

다시 이야기를 되돌려서 러더퍼드의 생애의 정화라고 할 수 있는 물리학 이야기, 그중에서도 그 초기에는 별다른 파문을 일으키지 못했던 핵원자(nuclear atom) 개념의 발전에 관해 이야기해 보기로 하자. 모즐리와 보어는 후에 핵원자의 개념이 극히 중요하다는 것을 밝혀낸 바 있는데 두 사람은 맨체스터에서 러더퍼드에게 긴밀한 협조를 했으며, 그로부터 많은 것을 배우고 있었다. 모즐리는 1915년에 육군 장교로서 종군 중 다다넬스(Dardanelles) 해협의 수블라(Suvla) 만에서 전사했는데, 그는 옥스퍼드에서 물리학을 배웠다. 그는 맨체스터에서 연구하기를 열망하던 끝에 마침내 이 연구소에 지원하여 1910년도 학기 초에 하급 연구원으로 임명되었다. 그의 나이 23세였다. 같은 때에『종의 기원』(Origin of the Species)으로 유명한 찰스 다윈의 손자인 찰스 골턴 다윈도 케임브리지에서 이곳으로 왔는데 그는 앞에서 이미 소개한 바와 같이 슈스터 수리 물리학부 교수에 임명되었다. 다윈과 모즐리는 곧 친한 사이가 되었으며 결정에 의한 X선 반사에 관하여 몇 가지의 실험을 공동으로 끝냈다. 그 결과 X선은 파장이 극히 짧은 빛과 같이 행동한다는 것을 확신하게 되었다.

뢴트겐이 X선을 발견한 후에도 그 정체는 오랫동안 밝혀지지 않고 있었다. 어떤 사람은 일종의 알맹이라고 생각했으며 또 어떤 사람은 광파와 비슷하지만 파장이 극히 짧은 빛일 것이라고 생각했다. 1912년에 라우에(Max von Laue, 1879~1960)는 프리드리히(W. Friedrich)와 크니핑(P. Knipping)의 조력으로 X선을 결정 속으로 통과시켜 봄으로써 이것이 빛의 성질을 가지고 있다는 사실을 증명하는 데 성공했다. 이 발견을 축하하는 50주년 기념제가 1962년에 뮌헨에서 열렸다. 라우에의 이 발견이 있은 다음 해에 W. H. 브래그와 W. L. 브래그(William Lawrence Bragg, 1890~1971) 부자는 X선을 적당한 결정면으로부터 반사함으로써 그 파장을 측정할 수 있음을 알아냈다. 다윈과 모즐리는 이러한 사실들을 그대로 받아들였으며, 이어서 모즐리는 여러 가지 원소가 내놓는 X선의 파장을 체계적으로 측정하기 시작했다. 만일 X선의 속도를 알게 되면 그 파장으로부터 진동수, 즉 1초 동안에 진동하는 수를 구할 수 있다. 그런데 X선의 속도는 빛의 속도와 같다. X선의 진동수는 1초 동안에 100만의 100만 배의 또 100만 배 정도인데 이것은 하나의 기본적인 양이다.

누구나 다 알고 있는 바와 같이 기체가 들뜨게 될 때(예컨대 네온등이나 수은등에서와 같이 기체 속에서 방전을 시키든가 불꽃 속에 염을 넣어서 금속을 증발시킨다든가 해서) 내놓는 가시광선은 고유한 진동수의 단색광, 즉 이른바 스펙트럼선으로 되어 있다. 한 원소의 스펙트럼선의 진동수는 어느 특정 계열에 속하게 되는데, 각 계열의 진동수는 어떤 간단한 법칙을 따르고 있다. 이 사실을 분명히 기억하고 있기를 바란다. 왜냐하면 바로 이야기하겠지만 이 사실은 핵원자의 기본 성질이라는 것이 보어에 의해서 증명되었기 때문이다.

모즐리가 최초로 발견한 것은 원소가 내놓는 X선이 그 원소에 고유한 어떤 진동수들을 가지고 있다는 것이었다. 즉 가시광선을 프리즘으로 분광시키는 것과 똑같은 방법으로 결정을 써서 X선을 반사해서 분광시켜 보면 이 고유의 진동수들은 사진 건판 위에 선으로 나타난다. 이러한 고유한 진동수를 일반적으로 선이라고 부른다. 모즐리의 말을 그대로 인용하면 「이 논문은 이 스펙트럼을 사진으로 찍는 방법을 논한 것이며, 이것으로써 X선의 분석은 다른 분광학과 똑같이 간단해진다.」 그는 또 이어서 여러 원소가 방출하는 특성선의 진동수를 비교하여 대단히 중요한 결과를 얻게 되었다. 모즐리가 이 간단하고도 중요한 발견을 했을 당시의 연구 방법을 잠시 살펴보자. 이것은 러더퍼드 연구실의 정신을 이해하는 데 어느 정도 도움이 될 것이다.

이 실험에서 모즐리는 길이가 1m쯤 되는 굵은 진공 유리관 속에 장난감 같은 선로를 깔아 놓고, 그 위에다 시험용 원소 덩어리를 실은 작은 달구지들을 한 줄로 올려놓았다. 그다음 각 원소 덩어리를 차례로 음극선 통로로 가져와서 음극선과 충돌하여 X선을 나오게 했다. 모즐리가 X선관을 진공으로 만드는 데 사용한 개데 펌프는 옥스퍼드의 밸리얼(Balliol) 대학에서 빌려온 것이었다. 이것은 맨체스터에서도 실험 장치가 얼마나 모자랐었는가를 잘 말해 주는 좋은 예일 것이다. 이 장치는 취급하기가 매우 까다로웠지만 모즐리의 실험 기술이 뛰어났고 또 남달리 근면했기 때문에 놀라울 정도로 짧은 시일 안에 좋은 성과를 올렸던 것이다. 그는 밤늦게까지 일을 했다. 사실 그는 맨체스터의 어떤 곳에 가면 새벽 3시에도 식사를 할 수 있다는 것까지 알고 있었는데, 그 때문에 이러한 성과를 올릴 수 있었다고 소문이 날 정도였다. 다윈은 「그는 내가 알고 있는 누구와도 비교할 수 없는 대단한 근면가였다.」라고 말하고 있다. 모즐리가 맨체스터에서 한 이 스펙트럼선에 관한 일은 1913년에 발표되었다. 1914년 초에 그는 홀어머니가 살고 있는 옥스퍼드로 돌아갔으며 그곳에서 연구를 완성하여 그 결과를 1914년 초에 두 번째 논문에 발표했다.

그의 대발견이라고 할 수 있는 이 연구는 X선 스펙트럼 중 특정선의 진동수와 관계되는 어떤 한 물리적 양이 그 원소의 원자량이 증가하는 데 따라 일정량씩 증가한다는 것이었다. 여기서 중요한 것은 원자량 그 자체가 아니라 이와 같이 얻은 순열의 순서이다. 그리하여 원소를 원자량의 증가순으로 나열하면 수소가 1번이고, 헬륨이 2번, 라튬이 3번 등이며, 금은 79번이다. 순위를 나타내는 이러한 수를 원자 번호라고 부른다. 모즐리가 자신의 결과에 대해서 말한 바와 같이 「이제야 우리는 원자에는 한 원소로부터 다음 원소로 옮길 때 규칙적으로 증가하는 어떤 기본적인 양이 있다는 것을 확증하게 되었다. 이 양은 중심에 있는 양전하 핵의 전하 바로 그것이어야 한다.」라는 것이 그의 발견의 골자였다. 모즐리가 전사했을 때 러더퍼드는 그 조사에서 「내 생각으로는 모즐리의 이 증명은 그 중요성에 있어서 원소의 주기율의 발견과 스펙트럼 분석에 필적할 만하며 어떤 면에서는 그 어느 것보다도 더 기본적인 것이다.」라고 말했다. 루테슘(lutecium)과 디스프로슘(dysprosium)을 발견한 프랑스의 대화학자 위르뱅(Georges Urbain, 1872~1938)은 모즐리에 관해서 「그의 법칙은 멘델레예프(Dmitri Ivanovitch Mendeleeff, 1834~1907)의 약간 공상적인 분류를 완전히 과학적이고 정확한 것으로 바꾸어 놓았다(Sa loisubstituait à la classification un peu romantique de Mendeléeff une précision toute scientifique)」라고 쓴 바 있다.

모즐리가 발견한 골자는 모든 원소를 원자량의 순으로 늘어놓았을 때 어떤 원소의 순위 번호를 N이라고 하면 그 원소의 원자핵의 전하는 Ne와 같다는 것이다. e는 전자의 전하량이다.

전자의 전하 단위로 나타낸 중심 전하의 크기는 처음에 러더퍼드가 생각했던 것처럼 원자량의 반이 아니라 이 값은 전하의 대체적인 값을 나타내는 데 불과했던 것이다. 예컨대 금의 원자량의 반은 98인데 원자 번호는 79이다.

X선 스펙트럼의 특정선의 진동수는 원자 번호와 간단한 관계가 있으므로—이 법칙을 좀 더 구체적으로 말하자면 원자 번호가 증가할 때마다 진동수의 제곱근은 일정량씩 증가한다—X선 측정을 하면 원소의 순열에서 빠져 있는 원소가 있는지 없는지를 알 수 있다. 그 이유는 만일 빠져 있는 원소가 있다면 X선의 값이 비정상적으로 비약할 것이기 때문이다. 모즐리는 이 사실에 자신을 가지고 있었으므로 러더퍼드에게 보낸 편지에서 「모든 희토류 원소를 올바른 자리에 가져다 놓을 수 있으며, 어떤 원소이든 그것이 혼합물인가의 여부를 분명하게 가려낼 수 있습니다. 또한 새로운 원소가 어느 자리에서 발견되어야 하는가도 알 수 있게 되리라고 확신합니다.」라고 말했다. 그리하여 원자 번호를 올바르게 맞추려면 주기율표 위에 네 개의 빈 자리를 남겨 놓아야 한다는 것을 알게 되었다. 이 네 원소를 찾는 일이 시작되었음은 물론이다. 그중에서 최초로 발견된 것은 72번의 하프늄(hafnium)이었는데 이것은 코펜하겐(Copenhagen)의 보어 연구소에서 코스터(D. Coster, 1889~1950)와 헤베시에 의해 발견되었다. 헤베

시에 관해서는 러더퍼드 연구실의 연구원으로서 또 후에 그의 평생의 벗으로서 이미 소개한 바 있다. 코펜하겐의 옛 이름이 바로 하프니아(Hafnia)였다. 이어서 75번의 레늄(rhenum)—이것은 라인(Rhein)강의 라틴말 이름(Rhenus)를 딴 것이다—그리고 43번의 테크네튬(technetium)—이것은 인공적으로 만들어짐으로써 처음으로 알게 된 원소인데, 인공적이라는 그리스말의 테크네토스(technetos)에서 딴 것이다—이 발견되었다. 47번인 최후의 미지 원소는 여러 사람들과 그룹들이 제각기 발견을 주장하고 서로 다른 이름을 붙였는데 그중에서 가장 인정을 받은 것이 프로메튬(promethium)인 것 같다. 소디는 「모즐리는 말하자면 원소의 점호를 취한 것이다. 이것으로써 우리는 비로소 주기율표의 처음부터 끝까지 사이에 몇 개의 원소가 있어야 하며 또 몇 개가 아직도 발견되지 않았는가를 확언할 수 있게 되었다.」라고 씀으로써 이야기를 인상적으로 만들었다.

모즐리가 맨체스터의 러더퍼드 밑에서 착수하고, 이어서 옥스퍼드에서 속행하여 조금도 의문의 여지를 남겨 놓지 않은 그의 연구 결과로 마침내 원소의 화학적 성질은, 러더퍼드가 발견한 원자핵의 전하의 크기에 의해서 좌우되는 데 지나지 않는다는 사실이 분명해졌다. 이러는 사이에 핵원자의 또 하나의 명백한 승리가 있었으니 러더퍼드로서는 또 하나의 개선이 아닐 수 없었다.

1911년에 소디는 한 원소가 α 알맹이를 방출하면 주기율표 위에서 두 자리 앞의 원소에 상당하는 화학적 성질의 새 원소로 변한다는 것을 밝혀냈다. 1913년에는 소디와 러더퍼드 연구실에서의 연구로 이미 소개한 바 있는 파얀스, 그리고 또 한 사람의 러더퍼드 연구실 출신인 러셀(A. S. Russell) 세 사람이 서로 독립적으로 하나의 원소가 β 알맹이를 방출하면 주기율표에서 한 자리 뒤의 화학적 성질을 갖는 원소가 된다는 것을 알아냈다. α 알맹이나 β 알맹이의 상실에 수반되는 이 현상은 변위 법칙이라고 부르는데 이 법칙은 모즐리가 발견한 원자 번호의 개념과 완전히 부합된다. 두 단위의 양전하를 가진 α 알맹이가 원자핵으로부터 튀어나오면 원자 번호는 둘이 감소해야 하며, 한 단위의 음전하를 가진 알맹이를 잃으면 한 단위의 양전하를 얻는 것과 맞먹으므로 원자 번호는 하나 증가해야 한다. 이 발견은 문제의 알맹이들이 원자핵으로부터 나온 것이며 따라서 원자핵이 방사능원임을 분명히 밝혀주는 증거이기도 하다. 또한 이것은 원자핵의 전하가 지배적인 역할을 한다는 확증이기도 하다.

∘ 보어, 양자론을 원자 구조에 적용

이제부터는 원자의 핵구조론이 방사능 이외의 다른 분야에도 널리 적용된다는 것을 처음으로 밝힌 보어에 관해서 이야기하겠다. 보어는 1911년에 케임브리지에서 처음으로 러더퍼드와 만났다. 이것은 원자핵설이 처음으로 인쇄 공표된지 미처 몇 달도 안 되어서였으며 이때 그는 러더퍼드로부터 깊은 감명을 받았다. 그리하여 그는 곧 주위의 일을 정리하고 그 이듬해 일찍이 맨체스터 연구진에 합류했다. 그로부터 약 50년 후에 보어는 이때의 일에 관해서 「그의 물리학자로서의 천부적인 소질과 공동 연구의 영도자로서의 비길 데 없는 재능에 매혹되어 당시의 많은 젊은이들이 러더퍼드 밑으로 모여들었다.」라고 기술한 바 있다. 이 이야기 역시 항상 밑의 사람들을 격려하는 러더퍼드의 인격을 추켜 올리는 것이라고 말할 수 있다. 보어는 곧 방사능은 원자핵에만 관계되는 현상이지만, 물질들이 보통의 조건에서 나타내는 물리적 및 화학적 성질은 틀림없이 원자핵을 둘러싸고 있는 전자에 관계된다는 사실을 깨닫고 이러한 성질을 설명할 수 있는 방법을 연구하기 시작했다.

보어는 이미 여러 해 전에 발표된 플랑크(Max Planck, 1858~1947)의 중요한 발견을 기초로 한 것이었다. 플랑크에 의하면 빛과 같은 복사선은 그때까지 당연한 것으로 생각했던 것과는 달리 연속적으로 방사되지 않으며 양자라고 부르는 작은 복사 에너지 뭉치로 방출된다. 이 에너지 뭉치는 복사 에너지의 원자, 즉 빛 에너지의 원자라고도 볼 수 있는데 이러한 복사 에너지의 양자에 관해서 한 가지 특기할 것은 그 크기가 복사선의 진동수에 관계된다는 것이다. 사실 어느 한 복사선의 에너지 양자는 그 복사선의 진동수에 플랑크 상수(Planck's constant)라고 부르는 극히 작은 양(보통 h라고 쓴다)을 곱한 것과 같다. 훨씬 앞에서 진동수를 방사선의 기본적인 특성이라고 불렀던 것은 바로 이러한 이유 때문이다. 따라서 X선의 양자, 즉 에너지 뭉치는 수은 방전등에서 나오는 녹색 가시광선의 양자보다 훨씬 크다. 이것은 마치 어떤 정해진 단가를 단위로 해서 물건을 사고, 그 최젓값이 물건에 따라 다른 것과 비유할 수 있다. 즉 호박은 10센트, 닭이 1달러라고 하면 5센트로 호박 반쪽을, 반 달러로 닭 반 마리를 살 수 없는 것과 마찬가지이다. 또 만일 시계가 10달러이면 10달러의 배수로만 시계를 살 수 있고 다이아몬드는 예컨대 100달러 단위로 살 수 있는 것과 같다. 따라서 다이아몬드의 12양자는 1,200달러가 되며 호박의 12양자는 1.2달러가 된다. 마치 파장이 짧고 진동이 커질수록 그 에너지 양자의 크기가 커지는 것과 같이 여기서 예로 든 물건들도 값이 비싸질수록 그 형태가 작아지게 골랐다.

복사선의 에너지가 덩어리로 되어 있으며 그 크기가 진동수에 비례한다는 이 생각은 대단히 이상한 가정처럼 느껴질지도 모르지만 이 개념은 바로 모든 근대 원자론의 밑받침이 되고 있는 것이다. 우리는 빛의 세기를 얼마든지 원하는 대로 서서히 변화시킬 수 있는데, 그렇다고 이것이 위에서 말한 이론과 모순되는 것은 아니다. 이것은 마치 우리가 고체를 얼마든지 원하는 대로 잘게 나눌 수 있다고 해서 원자론과 부합되지 않는다고 말할 수 없는 것과 같은 이야기이다. 그 이유는 복사선이나 질량의 단위 알맹이인 양자와 원자는 보통의 방법으로는 측정이 안 될 정도로 너무 작기 때문이다. 복사 에너지가 작은 덩어리여서 안 될 이유는 아무것도 없다. 그러나 이 에너지 덩어리의 크기가 어째서 진동수에 비례해야 하는가에 대해서는 쉽게 수긍이 안 될 수도 있을 것이다. 그 이유는 그렇게 함으로써 잘 들어맞기 때문이라는 것뿐이며, 이런 종류의 답변은 물리학의 이론에서 많이 나온다. 즉 이 가정을 써서 여러 가지의 중요한 결과가 계산되었고 또한 실험과 이론이 정확하게 일치한다는 것이 알려졌다.

우연한 관심에서 플랑크는 고온 물체에서 방출되는 빛의 에너지가 그 진동수에 따라서 어떻게 분포되는가를 설명하기 위해 처음으로 양자론을 제창했던 것이다. 흑체는 모든 진동수의 복사선, 즉 모든 색의 빛을 다 같이 완전히 흡수한다. 그리고 반대로 가열되었을 때는 모든 진동수의 빛을 내놓는다. 플랑크는 그의 빛의 덩어리의 가설을 〈흑체가 내놓는 복사파〉에 적용하여 진동수에 따르는 에너지 분포 공식을 유도했다. 그런데 빛 에너지의 연속성을 가정하는 종래의 생각을 가지고 유도한 식은 실험 결과와 현격한 차를 나타냈다.

이 이론이 1901년에 처음으로 발표되었을 때는 아무런 관심도 끌지 못했다. 예컨대 그 시대마다 항상 물리학을 훌륭하고도 정확하게 취급하고 있는 대영 백과사전(Encyclopaedia Britannica)에서도 그 1911년 판에는 플랑크의 식을 가리켜 흑체 복사의 에너지 분포를 실험 결과와 똑같게 나타낼 수 있는 식이라고만 소개했을 뿐, 그 식이 유도된 기본이라고 할 수 있는 양자론에 대해서는 한마디도 언급하지 않았다. 광전 효과(빛에 의한 전자의 방출 현상)와 비열에 관한 실험 사실들이 양자론을 이용하면 잘 설명된다는 것을 아인슈타인(Albert Einstein, 1879~1955)이 밝혀냈지만 여전히 양자의 개념은 너무나 새롭고 의외의 것이어서 선뜻 용인되지 않았다. 보어의 일에 의해서 겨우 물리학자와 화학자들은 양자론이 결정적으로 중요하다는 것을 인식하지 않을 수 없게 되었다.

그러면 보어의 핵원자에 관한 획기적인 연구의 골자는 어떤 것일까? 이 연구는 원자 내부의 전자를 취급한 것으로 새로운 기본적인 원리를 양자론적으로 발전시킨 것이다. 이 원리를 이용하면 들뜬 원자가 방출하는 스펙트럼선들, 즉 여러 가지 단색광들의 진동수가 정확하게 계산된다. 여러 가지 스펙트럼선의 진동수는 퉁겨진 현에서 나오는 여러 음의 진동수와 비교할 수 있으며 여러 진동수 사이에는 어떤 관계식이 성립한다는 것이 알려졌다. 수소 원자 스펙트럼에 관한 발머(J. J. Balmer, 1825~98)의 법칙은 이러한 관계식의 대표적인 예인데 그때까지 아무도 왜 이런 관계식이 성립하는지를 이론적으로 설명하지 못했었다.

◦ 수소 스펙트럼

수소의 스펙트럼은 가장 간단한 스펙트럼으로서 보어의 연구와는 극히 중요한 관계를 맺고 있으므로 여기에 관한 설명을 조금 해두는 것이 좋을 것 같다. 백열을 내고 있는 철과 같이 빛을 내는 고체는 모든 진동수의 가시광선을 내놓으며, 낮은 압력의 기체는 그 속에서 전기 방전을 일으킬 때 어느 특정한 진동수를 갖는 스펙트럼선을 내놓는다. 이러한 현상은 다음과 같이 설명할 수 있다. 즉 고체에서는 원자들이 서로 붙어서 모여 있기 때문에 서로 간섭하고 밀어붙이고 한다. 따라서 속박되지 않은 자연스러운 상태에 고유한 복사선을 내놓지 못한다. 그러나 방전관 속에 들어 있는 기체의 경우에는 원자들이 서로 멀찌감치 떨어져 있기 때문에 그 구조에 고유한 복사선을 내놓는다. 수소 원자는 가장 간단한 원자로서 발머는 그 스펙트럼 중의 어느 특정한 선들의 진동수가 $\frac{1}{2^2}-\frac{1}{3^2}$, $\frac{1}{2^2}-\frac{1}{4^2}$, $\frac{1}{2^2}-\frac{1}{5^2}$, ……등에 비례한다는 극히 간단한 법칙을 발견했다. 여기서 보면 두 번째 항에서 제곱이 되는 수는 차례로 하나씩 증가하고 있다. 즉 발머 계열이라고 부르는 이러한 스펙트럼선들의 진동수는 각각 $\frac{1}{4}-\frac{1}{9}=0.1388$, $\frac{1}{4}-\frac{1}{16}=0.1875$, $\frac{1}{4}-\frac{1}{25}=0.2100$, $\frac{1}{4}-\frac{1}{36}=0.2222$, …… 등에 비례한다. 이 중에서 진동수가 낮은 선들은 스펙트럼의 붉은색 쪽으로 나오고, 진동수가 큰 것은 자외선 쪽으로 나오는데, 에 비례하는 극한치에 밀집되어 있다. 선들이 이와 같이 밀집되는 사실은 식을 보면 쉽게 짐작이 될 것이다. 즉 처음 두 선의 진동수 차는 0.1875-0.1388-0.0489에 비례하는 데 반해서 10번과 11번의 두 선은 그 진동수 차가 겨우 0.00103에 비례할 뿐이다.

방금 이야기한 식에서 $\frac{1}{2^2}-\frac{1}{n^2}$은 물론 진동수가 아니며 진동수에 비례하는 수이다. 본래의 논문에서는 파장의 역수를 가지고 진동수를 나타냈다. 파장의 역수를 파수(wave number)라고 부르는데 이것은 1㎝ 속에 들어 있는 광파의 수와 같다. 따라서 진동수를 구하려면 파수에다 빛의 속도, 즉 1초 동안에 빛이 통과하는 거리(㎝ 단위로)를 곱해 주어야 한다. 1919년에 작고한 스웨덴의 리드베르지(J. R. Rydberg, 1854~1919)는 여러 가지 스펙트럼의 구조를 세밀히 조사한 결과, 파수를 얻으려면 $\frac{1}{2^2}-\frac{1}{n^2}$에다 어떤 상수를 곱해 주어야 하는데 이 상수가 바로 중요한 양이라는 것을 알아냈다. 이 상수는 보통 리드베리 상수 또는 리드베리 수라고 부르는데 그 값은 109,677(대단히 정밀하게 측정하면 소수점 이하의 자리까지 나올 수 있다)이다. 따라서 발머 계열의 처음 스펙트럼선의 파수는 15233이 되며 다섯 자리까지 계산된다. 이 값은 물론 누구나 쉽게 계산해 볼 수 있다.

수소의 스펙트럼에는 발머 계열과 비슷한 성질을 갖는 다른 여러 계열이 포함되어 있다. 그러나 이러한 계열들도 똑같은 방식으로 설명이 되므로 여기서는 더 이상 논하지 않겠다.

보르 이전에도 많은 사람이 간단한 발머 계열을 설명하려고 시도했지만 모두 실패했다. 그런데 그 문제점은 간단한 것이었다. 특정한 진동수를 갖는 빛, 즉 단색광은 파형이 단순한 전자파이며, 그 전기력과 자기력의 세기는 마치 전자 끝에 달린 구와 같이 주기적으로 변한다. 당시 널리 일반적으로 용인된 이론에 의하면 이러한 전자파가 생기기 위해서는 주기적으로 진동하는 전하, 즉 전자파에 특유한 진동수로 진동하는 전하가 있어야 한다. 따라서 그 전하는 원자 내부에 있는 어느 한 전자일 수밖에 없으며, 그 전자는 빛의 진동수와 같은 진동수로 빙글빙글 돌고 있다고 보는 것이 가장 간단하다. 그런데 바로 여기에 이론가들을 궁지로 몰아넣는 어려움이 있는 것이다. 즉 운동하는 전자는 빛을 내놓음으로써 계속해서 에너지를 잃게 되며, 따라서 시간이 오래 경과함에 따라 차차 회전이 느려지고 그 결과 진동수가 감소하는 것이다. 단 한 개의 전자를 가진 가장 간단한 수소 원자의 경우, 이러한 생각이 맞다면 연속된 진동수의 빛들이 방출되어야 한다. 그런데 실제로는 이것과 정반대이다. 즉 수소는 간단한 법칙으로 지배되는 어느 특정한 진동수의 빛들만 내놓는다. 그러면 궤도를 돌고 있는 전자가 분명히 에너지를 잃지 않는다는 사실을 어떻게 설명하면 좋을까?

보어는 그 이유를 설명하지는 않았다. 그는 그저 대담하게 원자 궤도

〈사진 6〉 맨체스터 연구소에서의 가이거와 러더퍼드. 둥근 기계는 당시의 전기계이다

JUBILEE INTERNATIONAL

September 4th to 8th, 1961

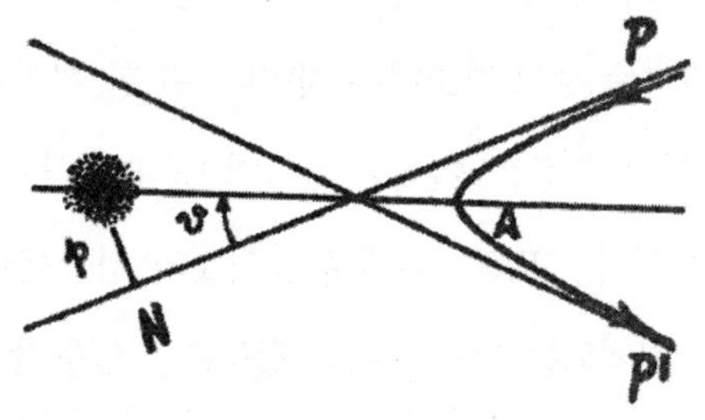

THE UNIVERSITY

〈사진 7〉 핵원자 발견 50주년을 축하하는 1961년도 맨체스터회의 당시 모든 공문서와 서류에 집어넣었던 그림. 이때 사용한 공문서의 표제 전문은 「러더퍼드 기념 국제회의 및 영국 맨체스터 대학 물리학과」였다

〈사진 8〉 러더퍼드가 원자핵의 인공 변환을 처음으로 행한 장치를 들고 있다(케임브리지의 캐번디시 연구소 소장품)

〈사진 9〉
블래킷이 찍은 안개상자 사진으로, 알파 알맹이에 의해 질소 원자핵이 파괴되고 있다

〈사진 10〉
코크로프트와 월턴의 장치. 이 장치로 만든 고전압 가속 알맹이로 원자핵의 인공 변환이 처음 이루어졌다(케임브리지 캐번디시 연구소 소장품)

를 돌고 있는 전자는 복사선을 내놓지 않는다!고만 가정했다. 무선 전신에 사용되는 전파와 같은 대규모의 현상을 잘 설명할 수 있는 전자기 이론은 원자에는 적용되지 않으며, 원자에는 원자 자신의 법칙이 있다고 그는 주장했다. 이것은 결국 플랑크의 주장과 같은 것으로 원자적 과정에 대해서는 복사선의 방출을 연속적 과정으로 취급할 수 없다는 것이다.

실생활을 예로 들면 세계 전체는 가정으로 되어 있지만 공공의 일이라든가 사업 활동과 같은 대규모의 현상을 지배하는 법칙이 가정에 적용되

〈사진 11〉 1934년 캐번디시 연구소 밖에 선 러더퍼드

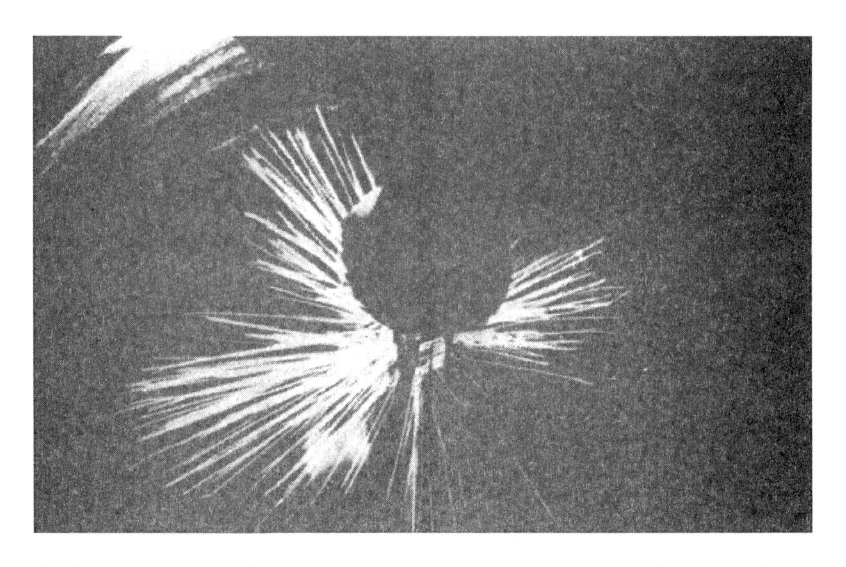

〈사진 12〉 디와 월턴이 찍은 안개상자 사진. 가속된 양성자로 리튬을 충격했을 때 α 알맹이가 나오는 것을 찍은 것이다

지 않는 것과 마찬가지로 비원자적 현상을 지배하는 법칙은 원자에 적용하기 힘든 것이다.

∘ 보어의 원자 모형

보어는 러더퍼드의 핵원자의 개념을 받아들여서 마치 행성이 태양의 둘레를 돌고 있듯이 원자핵은 궤도를 돌고 있는 전자로 둘러싸여 있으며, 행성의 궤도가 중력에 지배되는 것과 마찬가지로 전자의 궤도도 보통의 전기적 인력의 지배를 받고 있다고 생각했다. 그러나 그는 그때까지 용인되어 온 고전적인 전자기의 법칙과 전혀 상반되는 가정을 세 가지나 도입했다.

첫째로 이미 말한 바와 같이 일정한 궤도를 돌고 있는 전자는 복사선을 내놓지 않는다. 둘째로 고전적인 법칙에서는 무수한 궤도가 허용되는데 반하여 실제에서는 양자 조건에 의해서 결정되는 어떤 불연속적인 특수한 궤도들만 허용된다. 전자가 이러한 모든 조건에 맞는 궤도를 정상적으로 돌고 있을 때는 그 원자가 정상 상태에 있다고 말한다. 그리고 가능한 궤도 중 어느 것을 전자가 실제로 차지하고 있느냐에 따라서 여러 가지 상이한 정상 상태가 있을 수 있다. 예컨대 인구가 적은 시골에서 자동차의 통행이 허용된 도로들이 있더라도 이 모든 허용된 길을 자동차가 다녀야 한다는 것은 아니다. 각 정상 상태마다 고유한 에너지값을 가지며 이 값은 보어의 방법으로 계산할 수 있다. 셋째로 원자는 한 정상 상태로부터 다른 정상 상태로 옮길 때만 복사선을 내놓는다. 가장 간단한 것은 전자 한 개가 어떤 한 궤도를 버리고 다른 궤도를 차지하는 경우이다. 이때 나오는 복사선은 그 진동수가 이 두 정상 상태의 에너지 차에 의해서 결정되며, 진동수의 h배가 바로 에너지 차와 같게 된다. 이상이 보어의 가정인데 h가 플랑크 상수라는 것은 잘 기억하고 있을 줄 믿는다.

이 이론은 궤도의 일반적 성질을 유도할 때처럼 편리할 때는 고전론을 쓰고, 위에서 말한 바와 같은 가정을 도입할 때는 고전론을 무시했다는 비판을 받았다. 그런데 신기하게도 보어의 이론은 아주 잘 맞는다는 것이다. 모름지기 모든 물리학 이론은 이처럼 실험 사실과 잘 맞아야 하는 것이다. 이 이론은 수소 스펙트럼에 나타나는 여러 계열의 스펙트럼선의 진동수를 나타내는 실험식과 일치할 뿐만 아니라—물론 그렇게 되도록 가정을 만들었다고 말할 수도 있지만— 진동수의 정밀한 값을 주는 물리 상수, 즉 리드베리 상수의 값이 이 이론으로부터 정확하게 계산된다. 보어에 의하면 이 상수는 전자의 전하와 질량의 값, 플랑크 상수 및 광속도 등으로부터 계산되며, 따라서 우연히 그 값이 잘 맞게 되어 있었던 것은 아니다.

∘ 보어의 이론에 대한 반응

그러나 이 이론을 의심쩍게 여기는 사람도 적지 않았다. 당시의 대표적인 반응은 노벨상 수상자이자 또 왕립학회 회장이기도 했던 레일리 경의 반응이었다. 그의 아들이 기록해 놓은 바에 의하면 그가 부친에게 이제 막 발표된 보어의 수소 스펙트럼에 관한 논문을 보셨느냐고 물었더니 「아, 봤는데 별로 도움이 안 되는 일이라고 생각해. 그렇다고 그런 방법으로는 발견이 전혀 안 된다는 것은 아니지. 아마 틀림없이 되기는 하겠지. 그러나 마음에 썩 들지가 않는단 말이야.」라고 말하더라는 것이다. 이것은 다만 새로운 이론을 세우는 데는 그러한 방법이 마음에 들지 않는다고만 말한 것뿐이며 사실 무리도 아닌 이야기이다. 그러나 제만 효과(Zeeman effect)로 모든 물리학자에게 잘 알려져 있고 또 스펙트럼에 관해서도 조예가 깊었던 유명한 제만(Pieter H. Zeeman, 1865~1943)은 보어의 논문이 발표된 지 2년이 지난 후에도 이 발견에 대한 기록을 단 한 줄의 글로 처리해 버렸다. 제만과 마찬가지로 노벨 물리학상을 받은 리처드슨(O. W. Richardson, 1879~1959)도 당시에 내놓은 책에서는 보어의 일에 거의 주의를 기울이지 않았다. 그러나 그는 보어의 가정이 현재의 사고방식과 상반되는 것이지만 플랑크가 독자적인 이론을 고안하여 복사장의 에너지 분포를 설명했을 때도 마찬가지였다고 말했다. 러더퍼드의 핵원자설이 후에 가서 획기적인 진보로 인정되어 일반의 갈채를 받았던 것과 같이 보어의 이론도 후에 가서야 일대 걸작으로 널리 인정되었음은 물론이다. 많은 물리학자들이 이 새로운 사고방식에 익숙해지는 데는 얼마간의 시일이 걸렸기 때문이었는데, 이것은 자기의 중요한 일이 정당하게 평가되지 않는 것을 불만스럽게 생각하는 많은 젊은 사람들에게 상당한 위안이 될 것이다.

러더퍼드는 보어의 처음 논문이 발표되자 곧 그에게 편지를 보내고 「자네의 스펙트럼의 기원에 관한 생각은 참으로 교묘하며 대단히 훌륭하다고 생각하네. 그런데 플랑크의 생각과 고전 역학이 뒤범벅이 되어서 전체적인 기초 개념을 파악하기가 퍽 힘들군. 자네도 충분히 이해하고 있으리라 믿지만, 자네의 가설에는 한 가지 대단히 어려운 문제점이 있다고 생각하네. 그것은 한 정상 상태로부터 다른 정상 상태로 옮길 때 어떤 진동수로 진동할 것인가 하는 것을 전자란 놈이 어떻게 알 것인가? 적어도 전자만은 어디서 멈춰야 할 것인지를 미리 알고 있다고 가정하지 않으면 안 될 것이라고 나는 생각하네.」라고 말했다. 전자를 하나의 인간 즉 α 알맹이와 같은 정도의 친근한 벗은 아니지만 그래도 벗이라고 생각한다는 것은 러더퍼드의 사고방식의 특색이다. 이 비판은 이미 말한 바와 같이 고전론과 비고전론적인 가정이 뒤섞여 있는 것을 지적한 것으로서 정당한 비판이었다.

보어의 일을 직접 받아들인 또 한 사람은 모즐리였는데, 그는 1914년 초에 옥스퍼드에서 러더퍼드에게 보낸 편지에서 「이곳에는 원자 구조 같은 것에 흥미를 가진 사람들이 하나도 없습니다. 보어의 일이 다만 잘 맞도록 하기 위해서 숫자를 적당히 뜯어 맞춘 일에 불과하다고 생각하는 사람들도 적지 않은 모양입니다만 저는 기꺼이 이러한 사람들의 머리를 뜯어고쳐 주는 데 다소 도움이 되고자 합니다. 저는 제가 〈h〉 가설이라고 명명한 것이 진리라고 믿고 있으며, 원자는 e, m 및 h만으로도 그 특성을 나타낼 수 있고, 그 이외의 아무것도 필요 없다는 것을 확신하고 있습니다.」라고 써 보냈다.

원자핵 둘레에 한 개의 전자만이 돌고 있는 수소 원자와 같은 원자만을 취급한 첫 번째 논문을 발표하고 나서, 보어는 곧 원자핵 둘레에 여러 개의 전자가 돌고 있는 일반적인 원자의 경우에다 그의 이론을 확대시켜서 주기율표 위의 각 족에 대응할 수 있는 원자 구조 체계를 발전시켰다.

이처럼 그는 핵원자의 생각을 화학에 도입했는데, 이 핵원자의 개념은 후에 이 분야에서 대단히 중요한 역할을 하게 된다. 그는 X선 방사가 핵에 가까이 있는 내부의 전자 때문에 생긴다는 것을 지적했다. 그는 또 핵원자가 결합하여 분자를 만드는 문제도 일반적으로 고찰했다. 독일에서는 화학과 X선 분야의 연구가 나의 하이델베르크 시대의 옛 친구인 발터 코슬(Walther Kossel, 1888~1956)의 노력에 의해서 급속히 발전되었다.

이야기가 주제인 러더퍼드의 전기로부터 빗나간 것 같다는 오해를 풀기 위해, 보어의 이 핵원자론의 발전은 러더퍼드의 개념을 강력히 지지하는 것으로, 그 적용 범위가 러더퍼드 자신이 처음에 생각했던 것보다 훨씬 넓다는 것을 보여 주었음을 강조해 두는 바이다. 원자의 화학적, 광학적, X선적 성질이 핵원자의 개념으로 설명되리라고는 러더퍼드조차 꿈에도 생각하지 못했던 일이다. 보어가 이 문제에 관한 최초의 논문을 발표한 1913년은 1911년과 맞서는 해로 보는데, 1911년은 핵원자 개념의 창시 연도로서 러더퍼드가 그의 생각을 처음으로 발표했던 해이다. 러더퍼드와 보어는 대단히 친숙한 사이가 되었는데, 보어가 죽기 1년 전에 그 전문을 발표한 「원자핵 과학의 창시자 및 그의 연구를 발판으로 한 몇 가지 발전에 대한 회상」이라는 글은 러더퍼드를 위해서 쓴 찬사인 바, 흐뭇하고 감동적인 회상들이 그 속에 가득 넘쳐 흐르고 있다.

◦ 동위 원소의 존재

1911년부터 1914년 즉 제1차 세계 대전이 일어나기까지의 사이에는 문명이 그 양상을 바꾼 기간으로서 물리학자들을 들뜨게 할 만한 사건들이 계속해서 일어났다. 1913년에 그 절정에 달한 또 하나의 발견은, 러더퍼드의 핵원자설의 입장에서 볼 때 극히 중요한 일이 아닐 수 없었다. 이 발견은 화학적 성질이 같으면서도 질량이 다른 원소가 존재한다는 것으로, 이것은 러더퍼드의 원자 개념에서 볼 때 똑같은 원자량을 가지고 있는 원자핵이라도 그 질량이 다를 수 있다는 것이다. 이러한 원소는 그 화학적 성질이 같기 때문에 주기율표에서 같은 자리를 차지하게 되므로 그리스어의 같은(isos) 자리(topos)라는 말을 따서 동위 원소라고 부르게 되었다.

예컨대 원자량이 수소 원자의 질량과 같은 어떤 간단한 수의 배수가 아니고, 소수점 이하의 자리가 이상하게 맞지 않는다는 사실은 과학자들에게 오랜 수수께끼였다. 즉 산소의 원자량을 16으로 할 경우 염소는 35.457이고, 은은 107.880인 것이다. 당시만 하더라도 한 원소의 원자는 완전히 같은 것으로 그 질량은 물론 화학적 성질도 같다고 생각했다. 그러나 일찍이 1886년에 유명한 화학자 윌리엄 크룩스는 이 생각을 의심스럽게 여긴 바 있었다.

그의 말을 빌리면 「같은 화학 원소의 궁극의 원자가 모두 같은 질량을 갖는다는 데 대해 약간 의심스럽다. 모르긴 해도 우리의 원자량은 평균치를 나타내는 것에 불과하며, 실제로 각 원자의 원자량은 이 평균치 전후의 좁은 범위 내에서 변화할지도 모른다……. 이것은 일견 당돌한 가정처럼 들릴는지도 모르지만 나는 그 가능성을 화학적인 방법으로 충분히 조사할 수 있으리라고 믿는다.」라는 것이다. 이것은 벌써 당시에도 단순한 추측은 물론 아니었지만 결국 사실이라는 것이 판명되었다.

동위 원소가 존재한다는 것은 두 개의 분야에서 나왔다. 즉 하나는 러더퍼드의 보물단지라고도 할 수 있는 방사능에서였고 다른 하나는 J. J. 톰슨이 즐겨 하는 기체 방전에서였다. 방사능 분야에서의 대표적인 예는 라디오토륨(radiothorium)과 토륨인데, 이 둘은 방사능 성질이 전혀 다를 뿐더러 그 원자량도 라디오토륨이 232인데 비해서 토륨은 228밖에 안 된다. 그러나 이 두 원소는 화학적 방법으로는 분리가 안 된다는 것이 판명된 것이다. 일반적으로 화학적 성질이 똑같은, 즉 원자 번호가 같은 원소는 원자핵의 전하량이 같다고 말할 수 있는데, 이러한 원소가 서로 다른 방사능 성질을 나타낸다는 것은 원자핵의 구조가 다르다는 것을 뜻하므로 원자핵의 질량도 반드시 달라야 한다고 봐야 한다. 변위 법칙이 성립하는 것은 방사능이 원자핵과 관련된 성질이기 때문이라는 것을 이미 앞에서 지적했다.

간단한 예로서 만일 한 개의 α 알맹이가 방출된 뒤에 두 개의 β 알맹이가 계속해서 방출되면 그때마다 새로운 방사성물질이 생길 것이다. 두 단위의 양전하를 가진 α 알맹이가 떨어져 나가고 이어서 한 단위씩의 음전하를 가진 전자가 두 개 떨어져 나가면 결국 잃어버린 양전하량과 음전하량이 같으므로 원자핵의 전하는 처음과 같게 된다. 그러나 α 알맹이는 약 4단위의 질량을 가지고 있으며 전자의 질량은 무시할 수 있을 정도로 작으므로 원자핵의 질량은 약 4단위가 감소한다. 그런데 원자핵의 전하량이 같으면 화학적 성질이 같지만, 원자핵의 질량이 다르면 원자핵 구조가 다르고 따라서 그 방사능 성질도 달라진다. 화학적 성질이 같은 원자가 상이한 질량을 가질 수 있는 또 하나의 증거는 진공관 속에서 양전하를 띤 원자의 흐름을 만드는 기체 방전 연구에서 나왔다. 전기장과 자기장 속에서 하전 알맹이의 진로가 휘어진다는 것은 이미 3장에서 조금 이야기한 바 있다. J. J. 톰슨은 서로 직각의 방향으로 하전 알맹이가 휘어지도록 전기장과 자기장을 동시에 작용시켜 주면 양극선 중 하전 원자의 질량을 구할 수 있음을 알아냈다. 그리하여 1913년에 J. J. 톰슨과 애스턴(F. W. Aston, 1877~1945)은 이 방법을 이용해서 극히 순수한 네온 기체를 조사했는데, 그 결과 대부분의 알맹이는 원자량이 20이지만 그중에는 원자량이 22인 것도 약간 들어 있다는 것을 발견했다. 보통 네온의 원자량은 20.183이다. 제1차 세계 대전 후 애스턴은 케임브리지의 러더퍼드 연구실에서 질량 분석이라는 장치를 고안하여 많은 원소의 원자량을 측정했으며, 동위 원소의 존재는 아주 일반적인 사실이라는 것도 알아냈다. 애스턴의 이 유명한 연구에 대해서는 다음 장에서 얼마간 설명하고자 한다. 러더퍼드의 원자 개념의 발전에서는 원자핵의 질량과 전하를 독립적으로 취급했다는 것이 대단히 중요하다.

러더퍼드는 이러한 내용을 1914년에 시드니(Sydney)에서 있었던 강연에서 설명했다. 즉 「일견 완전히 똑같아 보이는 두 덩어리의 납이라 하더라도 그 물리적 성질은 현저하게 다를 수 있다. 이러한 사실이 현재로서는 믿어지지 않을지도 모르지만 언젠가는 믿어지게 될 것이다.」라고 말했던 것이다. 현재 우리는 네 종류의 서로 다른 납의 동위 원소가 자연계에 존재한다는 것을 알고 있다. 또 하나의 예로서 원자량이 35.457인 염소는 질량이 각각 35와 37인 두 동위 원소의 혼합물이며, 원자량이 131.30 인 크세논이라는 비활성 기체는 질량이 각각 132, 129, 131, 134, 136, 130, 128, 126 및 124인 아홉 개의 동위 원소로 되어 있다. 크세논 동위 원소들의 이 순서는 자연계에 존재하는 양의 순서에 따라 쓴 것으로, 132 인 것이 가장 많고, 124인 것이 가장 적다.

∘ 연구실에서의 활동

1914년에는 러더퍼드의 활동이 그 절정에 달했다. 그해 초에는 과학에서의 그의 특출한 공헌이 공식적으로 인정되어 작위를 받고 어니스트 러더퍼드 경으로 불리게 되었다. 그의 고무적인 격려로 힘을 입은 모즐리와 보어의 연구로 인해 핵원자의 개념은 물리학사, 화학사에서 신기원을 이루었다는 것이 밝혀졌다. 맨체스터의 연구실은 원자 및 그 방사선과 밀접한 관계가 있는 여러 문제를 다루는 연구 활동의 중심지였다. 분광학자인 에번스도 수소와 헬륨의 스펙트럼선의 파장을 정밀하게 측정하고 있었는데 그 결과는 보어의 스펙트럼 이론, 즉 그의 원자 구조론이 옳다는 것을 강력히 지지하는 것이었다. 채드윅(James Chadwick, 1891~1974)은 후에 케임브리지의 캐번디시 연구소에서 러더퍼드와 또다시 공동 연구를 했으며, 중성자의 발견으로 노벨상을 받았다. 그는 가이거와 연구하기 위해 독일로 갔다. 그가 맨체스터에서 러셀과 함께 γ선에 관해 연구한 결과는 1914년 초에 발표되었다. 그는 오랫동안 이 방사선과 씨름을 했다. 마스든은 α선에 관한 연구를 했는데 특히 α 알맹이와 충돌한 수소 원자의 핵은 α 알맹이보다 훨씬 더 멀리 날아간다는 것을 밝혀냈다. 로빈슨은 방사성 원소들이 내놓는 여러 종류의 선의 에너지를 연구하는 데에 정력을 쏟고 있었다. 마코버, 리처드슨, 왐슬리(H. P. Walmsley), 우드(A. B. Wood) 등 모두가 방사능에 관한 연구에 종사하고 있었다. 러더퍼드는 이 모든 연구에 깊은 관심을 가졌으며 그중의 어떤 결과에 대해서는 공동 연구자들과 연명으로 발표했다. 그의 이름이 실리지 않은 것에 대해서도 그가 중요한 공헌을 했음은 물론이다. 그는 모든 시간을 연구실 활동에 소비했던 것이다. 러더퍼드가 로빈슨에게 "로빈슨군! 일할 연구실이 없는 자는 참 불쌍하단 말이야."라고 말한 것도 이즈음의 이야기이다.

그때 나는 존 할링 장학생(John Harling Fellow)으로서 그와 γ선에 관해서 연구하고 있었는데, 그의 태도가 여실히 나타난 사건 현장에 있었던 적이 있다. 그때 연구실에 외국인 부인이 한 사람 있었는데 그녀는 물리학자로서 별로 알려지지는 않았지만 남자들을 싫어했고 따라서 절대로 남자의 도움을 받으려 하지 않았다. 어느 날 그녀는 유독한 아황산 기체가 들어 있는 병마개를 뽑으려고 했는데, 그 병마개의 나사가 붙어서 빠지지 않았다. 그 병마개를 남자들한테 뽑아 달라고 부탁하기가 싫어서 조그만 지하실 방으로 가지고 간 다음에 병마개를 어떻게 건드렸더니 갑자기 병마개가 빠지면서 기체가 분출되어 나오는 바람에 그녀는 그 자리에서 기절하고 말았다. 다행히 바닥에 쓰러져 있는 것을 곧 발견하게 되어 별일은 없었다. 다음 날 나는 러더퍼드의 방에서 그와 어떤 연구 문제를 놓고 이야기를 하던 참이었는데 노크 소리가 나더니 러더퍼드가 부른 바우어 양(Miss Bauer, 가명)이 들어 왔다. 그가 "어찌 된 일이요, 바우어 양, 하마터면 죽을 뻔하지 않았소?"라고 하니까 그녀는 시무룩하게 "내가 죽더라도 아무도 걱정해 줄 사람이 없을 텐데요."라고 대답했다. 그러자 그는 날카롭게 "그럴 리가 있나. 그럴 수야 없지. 그러나저러나 나에게는 검시할 시간도 없지 않소?"라고 대답했다. 그녀의 안색으로 봐서 그녀가 기대했던 대답은 아니었던 것 같다. 그러나 러더퍼드는 이때 진담을 하고 있었다고 나는 믿고 있다. 바우어 양의 사고로 아침 한나절 동안 실험실을 비워 놓을 뻔했다는 것은 그가 아무리 인정 많은 사람이긴 했지만 그냥 넘겨 버릴 수 없었던 것이다.

1914년 8월에 영국 과학진흥협회는 오스트레일리아의 멜버른(Melbourne)에서 회의를 열기로 했으며 러더퍼드도 여기에 맞춰서 영국을 일찌감치 떠났다. 당시에는 여행을 하려면 배를 이용할 수밖에 없었고, 오스트레일리아까지는 6주나 되는 시일이 걸렸다. 모즐리도 이 회의에 참석하기 위해 그의 모친을 모시고 6월에 출발했다. 당시 영국에서는 거의 모두가 전쟁이 임박했다는 생각을 하지 않았다. 그러나 독일에서는 사람들이 전쟁의 위협을 심각하게 느끼고 있었다. 내가 1911년에 하이델베르크에 있을 때 아가디르 위기(Agadir crisis)가 일어났고 후에 안 일이지만 이때 유럽 전쟁이 거의 일어날 뻔했다. 독일 친구들과 카페에 갔을 때 그중 한 친구가 영국으로 돌아갈 생각이 없느냐고 물었다. 내가 그 이유를 물었더니 전쟁의 위험이 있을 것 같다는 것이었다. 그래서 나는 "바보

같은 소리 말게. 여기는 발칸(Balkan)이 아니지 않나. 이곳에 사는 사람들이 전쟁에 나가서 그들과 비슷한 친구들을 쏘아 죽이다니 그걸 제정신으로 하는 소린가?"라고 했다. 나는 당시에 이처럼 시대 감각에 뒤떨어져 있으면서도 세상일을 제법 잘 안다고 생각했던 것이다. 만일 영국에서처럼 아무도 전쟁의 위험을 심각하게 생각하지 않고, 또 상당수의 사람들이 핵원자의 생각을 진지하게 다루지 않았더라면 전쟁과 핵원자 사이의 관계가 오늘과 같지는 않았을 것이며 이들 사이에 어떤 연관성이 있다고는 아무도 생각하지 않았을 것이다.

∘ 멜버른과 뉴질랜드 방문

전쟁은 1914년 8월 4일에 일어났지만 멜버른 회의에는 아무 영향도 없었다. 러더퍼드는 그곳에서 원자와 분자의 구조에 관한 토론회를 열었는데 이상하게도 러더퍼드의 인사말이 한 페이지 정도의 초록으로 나왔을 뿐 토론에 관한 정식 보고가 없다. 그는 α 알맹이가 일으키는 대각도의 단일 산란에 관해서 설명하고 또 C. T. R. 윌슨이 실험한 안개상자 사진에 대한 중요한 이야기를 했다. 즉 다음 장에서 설명하는 바와 같이 이 장치를 이용하면 이온화 알맹이의 기체 속에서의 비적을 볼 수 있는데, 어떤 알맹이의 비적은 급격히 휘어지는 것이 나타난다. 이 사실은 물론 러더퍼드 이론을 지지하는 것이다. 그는 또 모즐리의 연구의 중요성도 강조했다. 그러나 보어의 연구에 관한 언급은 「보어는 양자의 개념을 새로운

제6장

케임브리지

러더퍼드는 대단히 영리한 사람이었다.

Ernest Rutherford

방법으로 도입하면서 어려운 문제에 부딪히고 있다. 어쨌든 원자 내부에서는 지금까지의 역학으로는 설명되지 않는 어떤 일이 일어나고 있다.」라고만 간단하게 초록에 기록되어 있을 뿐이다. 모즐리는 X선 스펙트럼에 의한 원소의 분류 방법을 간단히 설명했다. 힉스(W. M. Hicks) 교수가 토론 석상에서 한 발언은 러더퍼드의 개회사보다도 세 배나 더 길게 초록에 기록되었는데 그는 보어에 대해서 극히 비판적이었다. 그는 「분광학 상수(리드베리 상수)의 정확한 계산은 확실히 과학적 상상력을 나타내는 것이며 그의 논문을 한번 읽어 보면 그 이론 속에 진리가 어느 정도 깔려 있는 것 같은 느낌이 든다. 그러나 ……」라고 하면서 이 연구에 대해서 당치도 않은 비판을 했다. 힉스는 일생의 대부분을 분광학에 바친 노인으로서 〈아운〉(oun)이라고 부르는 독특한 단위를 고안해 내기도 했다. 이 단위는 당시에도 믿는 사람이 별로 없었으며 오늘날에도 아마 이런 단위를 들어본 사람은 하나도 없을 것이다. 자기의 한평생의 연구가 젊은 덴마크인 때문에 쓸모없게 돼 버린 생각을 하고 싶지 않았던 것은 당연한 일이다.

∘ 제1차 세계 대전 중 러더퍼드의 연구

전쟁의 발발은 자연히 불안 상태를 빚어 놓았지만 아무도 이 전쟁이 4년 이상이나 지속되리라고는 생각하지 않았다. 러더퍼드는 부인을 동반해서 오스트레일리아에서 출생지인 뉴질랜드로 건너가서 그의 양친과 친지 그리고 벗들을 찾아갔다. 그가 최초로 연구를 시작했던 크라이스트처치 시에서는 전 시민의 환영을 받았으며 가는 곳마다 예상했던 대로 큰 환대를 받았다. 돌아오는 길에는 뉴질랜드로부터 밴쿠버, 몬트리올 그리고 뉴욕을 거쳐 많은 옛 친구들을 만난 다음에 천천히 영국으로 돌아갔다. 그가 맨체스터에 돌아간 것은 1915년 정월 초였다. 비행기가 없던 시대였으므로 세계 일주 여행이란 꽤 느린 일이었다.

맨체스터의 사정이 크게 변했었던 것은 당연하다. 러더퍼드는 돌아와서 얼마 안 있다가 슈스터에게 편지로 「제 교실이 크게 변했다는 것은 그간 들으셔서 알고 계실 것으로 믿습니다만, 프링(Pring)은 보병대의 중위로 임관되었고, 플로렌스(Florance)와 앤드레 이드(Andrade, 역자 주: 저자) 그리고 왕즐리는 포병대에 입대했으며 또 로빈슨도 곧 임관될 것 같습니다……. 멜버른으로 전임된 레비(Laby)의 뒤를 이어서 마스든이 웰링턴(Wellingt에)의 빅토리아(Victoria) 대학 물리학 교수로 임명되었다는 이야기도 아마 들으셨을 줄로 짐작합니다. 그는 일주일쯤 후에 이곳을 떠나서 부임지로 갈 모양입니다.」라고 써 보냈다. 웰링턴은 뉴질랜드의 크라이스트처치로부터 약 500㎞ 떨어져 있다. 슈스터에게 보낸 이 편지에서 러더퍼드는「우선 그런대로 연구를 계속할 수 있습니다.」라고 말했는데 아마 그도 다른 대부분의 사람들과 마찬가지로 전쟁이 곧 끝날 것으로 생각했던 것 같다. 그러나 불과 몇 달이 지나기도 전에 그는 전쟁에 관계되는 문제, 특히 잠수함을 그 음파에 의해서 탐지해 내는 문제에 손을 대게 되었다. 맨체스터의 지하 실험실에는 큰 물통이 들어앉았으며 그 속에서 수중음의 탐지 장치가 연구되었다. 그는 전쟁이 일어난 다음 해인 1915년에 모친에게 보낸 편지에서 그가 잠수함 문제의 위원회에 들어 있다는 것을 알렸으며, 같은 해 12월에는 실험 때문에 3일간이나 어선을 탔었다고 알렸다. 그는 또 연구발명위원회에도 참가했는데 이곳은 그 이름이 나타내는 바와 같이 전쟁 수행과 관계가 있을 만한 발명들을 취급했다. W. H. 보래그는 대잠수함 장치의 실제 시험에 특별 참가하고 있어서 러더퍼드와 밀접하게 접촉을 하고 있었다.

1917년 중엽에 러더퍼드는 유명한 물리학자인 프랑스 친구들과 대잠수함 문제를 토의하기 위해 프랑스로 갔으며 다시 그들과 함께 영불 사절단의 일원으로서 워싱턴(Washington)으로 가서 미국 친구들과 여러 가지 이야기를 했다. 미국이 그해 4월에 참전했던 것이다. 그는 열정적으로 일을 했으며 6월에 그의 아내에게 보낸 편지에서 「날씨가 몹시 더워졌지만 나는 파자마만 입고 홑이불을 덮지 않은 채로 자오. 나는 자주 오찬회나 만찬회에 참석하게 되는데 그러한 긴장을 잘 이겨내고 있소.」라고 쓰고 있다. 영국에서는 벌써 그때 식량이 달리기 시작했다. 그는 미국을 널리 여행했으며 하버드(Harvard)와 예일에서 명예박사 학위도 받았다. 그는 또 방사능 부문에서 최초의 대성공을 이루었던 몬트리올에도 들러 그곳의 옛 친구들과도 만났다.

영국에 돌아온 그는 아직도 여러 위원회의 일을 맡아보지 않을 수 없었지만 대잠수함 문제와 같은 일에 시간을 훨씬 더 빼앗기게 되어 맨체스터 연구실에서 하고 싶은 연구를 다시 할 수 있게 되었다. 혈기가 넘치는 케이가 유일한 실험 조수였다. 1917년 7월까지 그는 연구에 할애할 수 있는 시간을 거의 갖지 못했는데 그 증거로 1915년부터 1919년 사이에는 새로운 내용의 연구 논문을 단 두 편밖에 내지 못했다. 이 두 편의 논문 중 한 편은 잠수함 문제에 관해서 중요한 공헌을 한 것으로 우드와 공동으로 발표한 것이다. 그러나 1915년에 맨체스터에서 열렸던 영국 과학진흥협회의 회합과 같은 연구 집회에 나가서 강연을 할 만한 여유는 있었다. 이러한 논문 중 1916년에 발표한 「라듐의 방사선」이라는 논문은 놀란 만한 것이다. 그는 과학자들은 라듐이 가지고 있는 막대한 에너지를 이용하고자 했는데, 그 에너지는 라듐 1kg으로부터 10만 톤의 석탄에 상당하는 에너지가 나온다는 것을 말하고 이때까지 아무도 그 방법을 발견하지는 못했으며 자기는 인류가 평화롭게 살게 될 때까지 이 발견이 이루어지지 않기를 바란다고 말했다. 그는 아마도 원자탄을 어렴풋이나마 짐작하고 있었던 것 같다. 전쟁에 직접 관계되었던 그의 연구는 전혀 쓸모가 없었다고는 말할 수 없지만 전체적으로 봐서는 특기할 만한 것이 못된다.

그는 물론 군의 직책을 맡지 않았고 다만 육해공군의 명령만을 따랐을 뿐이었다.

1918년 11월 11일의 휴전으로 전쟁은 끝났다. 그 후에 어떤 역사가 이루어졌는가를 생각할 때, 보어가 덴마크로부터 러더퍼드에게 보낸 편지를 살펴보는 것도 재미있는 일이라고 생각한다. 「이곳 사람들은 모두 유럽에서는 또다시 이런 큰 규모의 전쟁은 절대로 일어나지 않을 것으로 확신하고 있습니다. 너나 할 것 없이 이번의 무서운 교훈으로 큰 공부를 했습니다. 그리고 당연한 이야기지만 전쟁 전에는 침략적 군국 정신이 전혀 없었던 이 작은 스칸디나비아 여러 나라에 있어서조차, 군사면에 대한 사람들의 안목이 크게 변했습니다. 또 우리가 듣고 있는 한에서는 현재의 독일 집권자들이 참으로 평화적 태도를 가지고 있다고 생각합니다. 그것은 그들이 미봉책이건 영구적이건 간에 여하튼 현재로서는 평화적 태도를 취하고 있기 때문에 그렇다는 것은 아니며, 전 세계의 자유주의자들이 이제까지의 국제 정치의 방침이 틀렸었다는 것을 이해하기 시작한 징조가 보이기 때문인 것입니다. 따라서 독일이 현재 극도의 궁핍과 빈곤 때문에 무정부 상태에 빠지지 않는 한, 분명히 지금이야말로 역사에 있어서 새 시대의 출발점이 된다고 볼 수 있을 것입니다.」

∘ 최초의 인공 핵변환

전쟁이 끝나면서 러더퍼드는 그가 생각하고 있던 여러 문제에 온 정력을 기울였다. 1917년 9월 8일에 새로운 노트를 쓰기 시작했는데 거기에다 「공기나 기타 기체 속에서의 고속 원자의 비정」이라고 기입했다. α 알맹이가 수소 기체 속을 통과하면 섬광에 의해서 알 수 있는 바와 같이 α 알맹이보다 비정이 훨씬 더 큰 알맹이가 생기며 바로 이 알맹이는 자기보다 무거운 α 알맹이와의 충돌 때문에 고속도로 튀어나오는 수소 원자핵이라는 것을 마스든이 알아냈다. 이것은 이미 이야기한 바와 같이 러더퍼드가 뉴질랜드로 출발하기 전이었다. 이러한 가정에 입각해서 계산한 비정이 실험결과와 잘 맞았던 것이다. 러더퍼드 자신은 기체 속을 통과하는 α 알맹이의 작용을 세밀히 검토하여 그 결과를 1919년에 발표했다. 즉 그는 원자핵들 사이의 단순한 충돌 때문에 나오는 것보다도 훨씬 더 많은 수소 원자핵이 고속도로 방출된다는 것을 발견했던 것이다. 이러한 사실로부터 그는 가까운 거리에서의 핵간 인력에 관한 매우 흥미 있는 결론을 얻게 되었다. 그런데 가장 중요한 결과는 질소를 사용한 실험으로부터 나왔다.

질소 원자핵은 α 알맹이보다 훨씬 더 무거우므로 충돌이 되더라도 전방으로는 얼마 멀리 방출되지 않아야 한다. 그런데 러더퍼드는 α 알맹이가 질소 속을 통과할 때도 수소 속을 통과할 때와 마찬가지로 많은 수의 비정이 긴 알맹이가 생긴다는 것을 발견했다. 산소의 경우에는 그 질량이 질소와 별 차이가 없는데도 비정이 긴 알맹이가 나타나지 않는다. 그는 또 자기장을 이용함으로써 질소로부터 나오는 비정이 긴 알맹이가 수소 원자핵과 비슷하게 행동한다는 것을 알아냈다. 그는 여러 가지의 세심한 검토 끝에 질소 원자핵이 α 알맹이와 충돌하면 파괴되고 그 결과 수소 원자핵이 나온다는, 당시로서는 매우 놀랄 만한 결론을 내리지 않을 수 없었다. 그 자신의 솔직한 말을 빌리면 「α 알맹이가 질소와 충돌할 때 나오는 비정이 긴 알맹이는 질소 원자가 아니라 수소 원자, 즉 질량이 2인 원자가 틀림없다는 결론을 내리지 않을 수 없다. 만일 그렇다고 하면 질소 원자는 고속도의 α 알맹이와의 심한 충돌로 큰 힘을 받아 파괴되고 그 결과 질소 원자핵의 성분이었던 수소 원자핵이 유리되는 것이라고 결론을 내릴 수밖에 없다.」 이것은 최초로 원자핵의 인공 변환을 발표한 역사적 발언이다. 오늘날에는 누구나 거의 다 알고 있는 상식이다. 이와 같이 러더퍼드와 그의 학파에게 새로운 분야의 연구가 시작되었던 것이다.

◦ 캐번디시 물리학 교수로 피선

위에 이야기한 연구는 맨체스터에서의 마지막 연구였으며 혁혁했던 임기에 어울리는 끝맺음이라고도 할 수 있다. 1919년 초에 J. J. 톰슨은 케임브리지의 트리니티 대학 학장으로 임명되어 캐번디시의 물리학 교수직을 물러날 결심을 했다. 캐번디시 연구소의 장으로서 그의 뒤를 이을 최적임자가 누구라는 것에 대해서는 의문의 여지가 없었다. 4월 2일에 러더퍼드는 물리학사상 뛰어난 위인인 맥스웰, 레일리 경 및 J. J. 톰슨의 뒤를 이어 후계자로 정식 임명되었다. 그가 맨체스터를 떠난다는 것은 쉬운 일이 아니었다. 그는 1919년 4월 7일 자로 그의 모친에게 「이번에 트리니티 대학장이 된 J. J. 톰슨 경이 뒤를 이어 제가 캐번디시 물리학 교수로 선임되었다는 소식을 들으셨으리라 믿습니다. 맨체스터에서는 여러분이 너무 친절하게 해주셨기 때문에 그곳을 떠나야 할지 어떨지 마음을 작정하기가 매우 어려웠습니다. 그러나 결국 이곳으로 오기를 잘했다고 생각합니다. 그 까닭은 결국 이 지위가 이 나라 최고의 물리학 교수직이며 또 과거 20년간 물리학 교수의 대부분을 배출했기 때문입니다. 저는 4월 2일부로 임명되어 법적으로는 그날부터 취임을 한 셈이 되지만 J. J. 경이 당분간 일을 맡아 주리라고 믿습니다. 그도 기꺼이 저를 위해서 그렇게 하겠다고 말했습니다. 자란 뿌리가 비틀려 빠지는 것 같은 느낌이 들고 친구도 새로이 사귀어야 합니다만 다행히 저는 그곳 트리니티 대학에 아는 사람들이 상당히 많이 있으므로 별로 낯선 사람 대접은 받지 않으리라고 생각합니다. 트리니티 대학에서는 저에게 펠로우의 자리를 주리라고 확신하며 그렇게 되면 대학에서 식사를 할 권리를 갖게 됩니다.」라는 내용의 편지를 보냈다. 그가 말한 대로 며칠 후에 그는 J. J. 톰슨으로부터 만장일치로 펠로우에 선출되었다는 것을 통보받았다.

러더퍼드는 여름 학기가 끝날 때까지 정식으로 맨체스터에 체재했다. 대학은 그에게 송별을 아쉬워하고 영예로운 새 보직을 축복하는 따뜻한 편지를 보냈다. 러더퍼드는 정중하고 정성 어린 답사에서 「저는 여러분들과 함께 대단히 즐겁고 수확이 컸던 12년이라는 시간을 보냈습니다. 아무도 저 이상으로 친절하게 대접을 받을 수는 없다고 믿습니다……. 많은 벗들과 작별하는 이 마당에서 비록 맨체스터를 떠나기는 하지만 저와 대학 사이의 관계가 아주 끊어지지 않게 되기를 염원합니다.」라고 말했다. 그를 알고 또 그에 관해서 쓴 사람들은 누구나 할 것 없이 그의 생애의 최고 시절은 핵원자가 탄생하고 최초의 원자핵 변환이 이루어졌던 맨체스터 시절이었다고 말한다.

그는 그토록 오랫동안 캐번디시 연구소의 전제 군주였던 J. J. 톰슨이 그 자리를 물러나고 특히 연구 지도를 전혀 못 하게 된 것을 섭섭하게 여길지도 모른다고 생각했다. 그리하여 그는 1919년 3월에 캐번디시 교수 자리에 관해서 J. J.에게 다음과 같은 편지를 보냈다. 「제가 만일 희망해서 선출된다고 하더라도 연구실이나 연구 문제 등을 놓고 서로가 완전한 이해를 하지 못해서 선생님과 저 사이에 오랫동안 지속되어 온 우정에 금이 간다든가 음양으로 알력이 생긴다면 그 좋은 자리도 무슨 소용이 있겠습니까?」그가 받은 회신에는 다음과 같은 말이 쓰여 있어 그를 안심시켰다. 「당신이 케임브리지의 교수로 올 것을 고려 중이라니 대단히 반갑습니다. 만일 오게 된다면 연구실의 관리를 전적으로 당신에게 자유로이 맡겼다는 것을 알게 될 것입니다.」 J. J.는 물론 이 약속을 틀림없이 이행했다. J. J.는 무급의 물리학 교수로 임명되고 연구 설비가 되어 있는 개인 연구실을 할당받았다. 그는 케임브리지 대학의 가장 중요한 자리인 트리니티 대학장으로서 교내에 훌륭한 방을 가지고 있었으며 높은 보수를 받고 있었기 때문에 교수 봉급을 받지 않아도 괜찮았다. 따라서 교수직 임명은 소장 재임 시에 이루어 놓은 큰 공적을 치하하는 것과 같은 것이었다. J. J.는 그 후에도 실험 연구를 속행했으며, 1923년에는 필라델피아(Philadelphia)의 프랭클린 연구소(Franklin Institute)에서 「화학에서의 전자」(The Electron in Chemistry)라는 제목의 연속 강의를 하는 등 몇 가지의 유명한 강연을 했다. 이 강연은 후에 단행본으로 출판되었다. 당연한 이야기지만 러더퍼드는 케임브리지에서 따뜻한 환영을 받고 또 많은 친구를 얻게 되었다. 이미 이야기한 바와 같이 그는 트리니티 대학의 펠로우로 선출되었다. 대학의 펠로우나 그의 손님들은 하이 테이블(High Table)에서 식사를 하게 되며, 따라서 그는 자연과학 이외 분야의 대학자들, 예컨대 라틴어 담당 교수이자 뛰어난 서정 시인인 하우스먼(A. E. Housman, 1859~1936) 등과 친해졌다. 이 사람은 『스롭셔의 젊은이』(A Shropshire Lad, 1896)라는 초기 시집으로 유명하다.

러더퍼드 부처는 우거진 수목과 아름다운 넓은 잔디밭이 있는 구식 이층집을 구했다. 그 집은 뉴넘 오두막집(Newnham Cottage)이라고 불렀는데 물론 보통 말하는 오두막집보다는 큰 집이었다. 여기서 그는 죽을 때까지 살았다. 러더퍼드의 케임브리지 시절을 특징짓는 것이 기체의 이온화에 관한 연구, 맥길 시절은 방사능에 관한 기초 법칙의 확립, 또 맨체스터 시절은 핵원자의 발견이었다고 한다면 캐번디시 연구소장 시절의 특징은 원자핵의 변환이었다고 말할 수 있을 것이다. 물론 그는 손수 큰일을 수행하기는 했지만 맨체스터 시절과 같이 부하들의 연구에 직접 개입할 수는 없었다. 따라서 그의 지휘 감독 하에 이루어진 중요한 발견 중에는 그의 이름이 실리지 않은 것이 있다.

그는 대부분의 방사능 연구 장치를 맨체스터로부터 가지고 왔다. 그것은 간단한 것들이기는 하지만 케임브리지에서 새로 만들어 가지고 실험을 하게 되었더라면 상당한 시간이 걸렸을 것이다. 그에게 없어서는 안 될 라듐원도 물론 가지고 왔다. 그에게 깊은 애정과 동경을 품고 있던 실험 조수 케이는 그에게도 귀중한 존재여서 가능하면 데려오려고 마음먹었지만 케이가 가정 형편상 맨체스터에 그대로 머물러 있게 되어 함께 오지 못했다. 러더퍼드는 곧 채드윅을 케임브리지의 연구진으로 끌어왔다. 채드윅은 맨체스터 대학을 졸업하고 그곳에서 1911년부터 1913년까지 방사능 문제를 연구한 다음 독일로 가서 가이거와 함께 연구했다. 그는 1914년의 개전으로 독일에 붙들려 민간인 포로로서 룰레벤(Ruhleben)에 억류되었다. 채드윅은 후에 케임브리지에서 극히 중요한 연구를 하게 되었으며, 원자핵 물리학에서 극히 중요한 역할을 하는 중성자의 발견으로 1935년에 노벨상을 받았다. 영국 포병대의 정규 장교가 될 예정으로 때마침 1914년 여름에 독일에서 휴가를 보내고 있던 엘리스(C. D. Ellis)가 채드윅과 함께 억류되었다. 이러한 이야기를 특별히 하게 된 이유는 채드윅과 오랫동안 억류 생활을 하는 사이에 그가 물리학에 대한 열정을 갖게 되었기 때문이다. 그는 전후에 케임브리지로 왔으며 러더퍼드 밑에서 β선과 γ선에 관한 중요한 연구를 했다.

∘ 러더퍼드의 취임을 축하하는 노래

케임브리지에서는 매년 한 번씩 연구소원 전원이 참석하는 캐번디시 만찬회가 열렸다. 이 연회는 J. J. 톰슨 시대였던 1897년부터 시작된 관례 행사였다. 만찬회 끝에 가서는 모두가 노래를 부르는 것이 습관처럼 되어 있었는데 그때마다 한때 연구소에도 있었던 왕립학회 회원 롭(A. A. Robb)이 거의 대부분 작사를 했다. 다음 노래도 러더퍼드의 취임을 축하하기 위해 그가 쓴 것이었는데 당시에 대유행이었던 〈그리운 래시〉(I Love a Lassie)라는 노래의 멜로디를 따서 불렀다. 배가 터지도록 먹고 새 소장에 대한 열성에 넘쳐서 비록 곡조는 안 맞지만 방을 꽉 메운 젊은이들 전원이 소리 높여 부르는 합창을 상상해 보면 이 합창이 어떤 것이었는지 실감이 날 것이다. 이 노래의 제목은 〈유도 방사능〉(Induced Activity)이었다.

교수를 모셔 왔네

훌륭하고 멋이 있는 교수를,

프리 스쿨 레인 연구소장으로.

그는 모든 것을 갖추고 있네.

연구소의 발전에 필요한 것을.

이것을 우리 잠깐 설명해 보세.

이곳에 처음 도착했을 때

그는 모두에게 생기를 주었다네.

그는 말하길 "이래서는 안 되겠네"

이곳을 말끔하게 정돈해야겠네

케임브리지의 여인을 채용해서

벽의 거미줄을 쓸어 버리세.

합창

그는 후계자네

위대한 선임자의 후계자.

그들의 뛰어난 일을 잊으면 안 되지

그들은 서로가 동류들이니까.

우리는 그들을 함께 묶으세

J. J.와 러더퍼드를.

그는 말하기를

“세상에, 어떻게 해서

이처럼 쓰레기가 더미로 쌓였을까?

맥스웰 이래, 그리고 레일리 이래로

매일 매일 쌓인 것이지.

그것은 분명하고 틀림없는 이야기이지.”

그는 링컨에게도 그렇게 말했지.

그는 또 말하기를 "내 생각으로는

연구실이 의외로 정돈이 안 돼 있네.

당신은 내 말을 이해할 테지,

철저한 청소가 필요하다는 것을

링컨 씨 당신도 동감이겠지.”

합창 : 그는 후계자네……

이러한 내력으로

연구실은 다시 한번

정돈되고 깨끗하게 보이게 됐다네.

교수의 의기도 드높게

연구실의 쇄신을 보자

그는 즐거워서 휘파람을 불었다네.

더없이 크나큰 의욕이 솟아서

연구를 시작하게 되었네.

그는 곧바로 연구를 시작했네.

그리고 그가 이루어 놓은 일이란
우리의 상상을 초월한 것이었지.
그는 초인은 아니었는데.
합창 : 그는 후계자네……
원자의 속에는
그 무엇이 숨어 있나?
지금 그가 찾는 것이 바로 이 문제라네.
요즈음 알았다네 그 방법을
마치 작은 새를 쏘아 맞추듯.
작은 새는 이미 도망칠 곳이 없네.
이 사냥에서 그가 쓰는 탄환은
라듐에서 방사되어 나오는
알파 알맹이라는 것일세.
참으로 정말 놀랍구나
원자의 날개를 쏘아 맞추는 슬기.
그러나 조금 더 노력해야지.
합창 : 그는 후계자네……

링컨(Lincoln)은 캐번디시 공작실의 실장이었다. 이 노래는 러더퍼드가 처음에 연구실을 어떻게 말끔히 해 놓았는가를 잘 나타내고 있다.

∘ 원자핵의 파괴

실험실이 정돈되자 맨체스터에서 마지막으로 추구해 오던 연구, 즉 α선의 충격으로 가벼운 원소의 원자핵을 파괴하는 그 유명한 연구를 재개했다. 그 시대만 하더라도 실험 장치는 극히 간단했었다. 질소와 같은 기체의 경우에는 관 속에 넣고 여기에다 α선을 통과시킨 다음에 발생한 알맹이를, 저지능이 공기 5~7㎝와 맞먹는 얇은 금속박으로 덮은 구멍으로부터 뽑아냈다. α선원으로서는 라듐 B와 C로 칠한 판을 사용했다. 발생되어 나온 알맹이를 작은 인광성 황화 아연판으로 받고, 그때 나오는 섬광을 보통의 저배율(low-power) 현미경으로 관측하여 검출했다. 알루미늄과 같은 고체의 경우에는 관을 진공으로 하고 작은 구멍을 덮을 금속박을 이것으로 만들었다. 이 금속박의 창과 황화 아연판 사이에다 얇은 흡수막을 삽입함으로써 붕괴 과정에서 생기는 알맹이의 투과력, 즉 비정을 측정할 수 있었다.

러더퍼드는 질소를 α 알맹이로 충격시켰을 때 튀어나오는 알맹이가 자기장에서의 성질로 보아 그의 상상대로 수소 원자핵에 틀림없다는 것을 확인했다. 이즈음 러더퍼드는 원자핵물리학에서 대단히 중요한 역할을 하는 수소 원자핵에다 특별한 명칭을 붙일 필요가 있다고 생각하여 이것을 양성자(proton)라고 부를 것을 제안했던 바, 곧 채택되었다. 따라서 앞으로는 이 명칭을 쓰기로 하겠다. 보통의 수소 원자란 전자와 느슨하게 결합하고 있는 양성자인 것이다.

그는 이어서 채드윅과 함께 앞에서 말한 바와 같이 간단한 장치를 써서 다른 가벼운 원소들의 파괴를 체계적으로 연구하기 시작했다. 그런데 얼마 안 가서 파괴될 때 나오는 이 알맹이들은 모든 방향으로 균등하게 방출된다는 것을 알게 되었다. 그리하여 입사되는 α선과 직각의 방향으로 방출되는 알맹이들을 셀 수 있게 장치를 개량했다. 이 개량에는 여러 가지 이점이 있었다.

이 연구의 결과로 우선 12종의 가벼운 원소가 원자핵 변환을 일으킨다는 것을 알아냈다. 어느 원소나 모두 고속의 양성자를 내놓았는데 이것은 원자핵이 한 단위의 양전하를 잃고 그 화학적 성질이 변한다는 것을 뜻한다. 처음에는 양성자를 내놓는 α 알맹이의 행방을 알아내지 못했었지만, 만일 원자핵 속에 붙들려 있게 되면 원자핵의 전하는 한 단위가 증가해야 한다. 얼마 안 가서 질소의 경우에는 실제로 이러한 포획이 일어나고 있음이 증명되었다. 즉 7단위의 전하를 가진 질소 원자가 8단위의 전하를 가지고 질량이 보통의 산소보다 한 단위 더 무거운 산소 원자, 즉 산소의 한 동위 원소로 된다는 것이 증명되었다.

α 알맹이가 포획되건 안 되건 간에 한 가지 분명한 것은 원자핵이 파괴됨으로써 원소의 화학적 성질이 변한다는 사실이다. 캐나다 시절에 러더퍼드와 소디의 연구로 방사성 원자는 자연적으로 그 화학적 성질이 변하지만 그 변화 방법만은 열적, 화학적 또는 그 외의 어떤 방법을 쓰더라도 변화시킬 수 없다는 것이 밝혀졌다. 그런데 이제 에너지가 큰 작은 α 알맹이를 이용하면 보통의 비방사성 원자도 그 화학적 성질이 변한다는 것을 알게 된

것이다. 물론 그 양이 얼마 안 되기 때문에 간접적으로도 저울질을 할 수 없기는 하다. 즉 약 100만 개의 α 알맹이 중에서 이러한 변환을 일으키는 것은 약 한 개꼴밖에 안 되고 한 번의 실험에 쓰이는 α 알맹이를 전부 모아도 저울질할 정도는 못 된다. 그러나 보통 안정한 원소의 화학적 성질을 실험적 수단으로 변화시킬 수 있다는 기본적인 사실은 증명된 것이다.

◦ 원자의 변환

예부터 인간은 보통의 천한 금속을 금, 은과 같은 귀금속으로 바꿀 수 있다는 생각을 품어 왔으며, 이것이 중세 연금술의 주목적이 되었다. 중세에는 이 설을 널리 믿고 있었다. 약 600년 전에 쓰인 초서(Geoffrey Chaucer, 1340?~1400)의 작품을 읽어 보면 어떤 사기꾼이 구리를 은으로 바꾼다고 공언하고 은가루를 숨겨 넣은 초(촛불에 쓰는)와 화로를 이용해서 사기 행각을 했다는 얘기가 나온다. 그 후에도 많은 사람이 이러한 노력을 계속해 왔으며 특히 비금속을 금으로 바꾸게 하는 신비의 힘을 〈철학자의 돌〉(Philosopher's Stone)이 가졌다고 믿고 이 돌을 구하기 위해 한평생을 보냈다. 이러한 사람들 중에는 그때는 참다운 과학 연구자도 있었지만 그 나머지는 전부 사기꾼들이었다. 1610년에 발표된 벤 존슨(Ben Jons)의 희곡『연금술사』(The Alchemist)는 이러한 사기꾼 한 사람을 다룬 것이다. 그러나 17세기 후반에 와서 보일(Robert Boyle, 1627~91)의 연구로부터 근대 화학의 싹이 트고 난 뒤에는 한 원소를 다른 원소로 바꿀 수 없다는 생각이 차츰 굳어져 갔다. 「원자란 어떠한 사정 아래서도 변하지 않으며 이것은 과거에 있어서나 미래에 있어서나 마찬가지로 변치 않는 사실이다.」라는 말은 위대한 과학자 맥스웰이 그의 확고한 신념을 나타낸 것으로서 이미 앞에서 인용한 바 있다. 그런데 지금 러더퍼드에 이르러서 비록 그 양이 극히 적기는 하지만 어떤 원소를 다른 원소로 변환시킬 수 있다는 것이 밝혀진 것이다. 이러한 옛 생각을 회상하면서 일생의 마지막 해인 1937년에 러더퍼드는 『새로운 연금술』(The Newer Alchemy)이라는 작은 책을 저술했는데, 이 책은 이 흥미로운 문제에 관하여 그의 연구실에서 밝혀낸 사실들을 대중이 이해할 수 있게 쓴 것이다.

그가 단독으로 또는 채드윅과 공동으로 한 이러한 실험들은 어떻게 생각하면 새로운 시대, 즉 막대한 돈이 원자의 변환 연구에 투입되고 그 결과 인류의 생존이 위태롭게 된 바로 이 새로운 시대의 시작이라고도 볼 수 있다. 또 한편 어떻게 보면 구시대의 종말이었다고도 말할 수 있을 것이다. 이 중요한 원자 변환 실험을 처음으로 한, 간단한 장치를 가볍게 손에 들고 있는 러더퍼드의 모습이 〈사진 8〉에 나와 있다. 이것은 러더퍼드식의 구식 연구법을 보여 주는 사진이라고 볼 수 있다. 후에 다시 말하겠지만 캐번디시 연구소에서 전기 공학적 규모의 시설이 원소 변환 연구에 사용되는 새로운 시대가 코크로프트(John D. Cockcroft, 1897~1967, 후에 작위를 받았음)와 왈턴(E. T. S. Walton, 1903~1995)에 의해서 겨우 그 첫발을 내딛기 시작할 무렵이었다. 오늘날 원자핵 공학(nuclear engineering)이라고 불리는 이 분야의 연구는 놀라운 발전을 이루었다. 예컨대 주네브

(Genève, Genwa)에 있는 국제적인 거대한 원자핵 변환 장치는 자그마치 약 12평 정도나 된다.

∘ 베이커 강연에서의 예언

1920년에 왕립학회는 러더퍼드에게 두 번째 베이커 강연(Bakerian Lecture)을 지명했는데 이것은 좀처럼 있을 수 없는 영광인 것이다. 1904년에 있었던 그의 첫 번째 베이커 강연은 이미 4장에서 서술한 바와 같이 막 태어난 방사능의 과학을 해설했다는 점에서 주목할 만한 것이었다.

원자핵이 발견되고 또 이것이 방사성 붕괴의 근원이라고 밝혀진 것은 이보다 훨씬 후의 일이다. 당시 그는 32세의 젊은이로서 겨우 왕립학회 회원이 되었을 때였다. 세계적으로 유명해지고 나이도 47세나 되어서 한 이 두 번째 강연에서는 첫 번째 강연 내용이었던 원자의 자연 변환과는 대조적으로 앞에서 말한 연구로 분명해진 원자의 인공 변환에 관해서 이야기를 했다. 이 강연은 실험 사실을 명확하게 해설했다는 점과 또 몇 가지의 놀라운 예언을 했다는 점에서 주목할 만하다. 즉 만일 2단위의 질량과 1단위의 전하를 가진 원자핵이 존재한다면 이것은 그 1단위의 전하로 인해 화학적 성질이 수소와 같을 것이며 따라서 수소의 동위 원소라고 볼 수 있는데, 그는 「이것이 존재할 것이다.」라고 예언했던 것이다. 후에 중수소라고 부르게 된 이 무거운 수소는 미국에서 11년 후에 유리(Harold C. Urey, 1893~1981), 브릭웨드(Ferdinand Graft Brickwedde, 1903~1989) 및 머피

(George M. Murphy)에 의해서 발견되었다. 러더퍼드는 또 3단위의 질량과 2단위의 전하를 가진 알맹이, 즉 헬륨의 가벼운 동위 원소가 존재한다고 예언했는데 이것도 역시 후에 발견되었다. 그러나 무엇보다도 가장 주목할 만한 것은 전하가 없는 알맹이, 즉 중성자가 존재한다는 것을 예언한 것으로서, 이것은 12년 후에 캐번디시 연구소에서 채드윅에 의해 발견되었다. 중성자는 분명히 현대 원자물리학에 있어서 가장 중요한 알맹이이다. 어쨌든 오늘날 중성자는 대규모의 원자핵 변환에서 가장 중요한 역할을 하고 있다. 러더퍼드의 말을 실제로 인용해 보면 그가 얼마나 단정적이고도 명확한 예견을 했는가를 알 수 있을 것이다. 「만일 이 가정이 맞는다면 한 개의 전자가 두 개의 수소 원자핵과도 결합할 수도 있고 또 한 개의 수소 원자핵과 결합할 수도 있다. 첫 번째 경우는 전하가 1이고 질량이 약 2인 원소가 존재할 수 있다는 말이 되며 이것은 수소의 동위 원소라고 볼 수 있을 것이다. 두 번째 경우는 핵전하가 없고 질량이 1인 원자가 존재할 수 있다는 생각을 나타낸 것이다. 이러한 원자 구조가 절대로 불가능하다고는 생각하지 않는다. 중성인 수소 원자, 역시 단위 전하를 가진 원자핵과 전자가 결합한 것이지만 그들 사이의 거리는 어느 정도 떨어져 있으며 수소의 스펙트럼은 이처럼 떨어져 있는 전자의 운동 때문에 나타나는 것이라고 우리는 지금 생각하고 있다. 그러나 어떤 조건 하에서는 전자가 수소 원자핵과 훨씬 더 가깝게 밀착되어서 일종의 중성 알맹이를 형성할 수 있을지도 모른다. 이러한 원자는 전혀 색다른 성질을 가질 것이다. 원자핵의 바로 근처를 제외하면 그 원자의 외부 전기장은 없어질 것이다. 그 결과 이 알맹이는

물질 속을 자유로이 드나들 수 있을 것이다. 그 존재도 분명히 검전기로는 검출이 안 될 것이고 용기 속에 봉해 둘 수도 없을 것이다. 한편 이 알맹이는 틀림없이 원자 내부까지 뚫고 들어가 원자핵에 붙잡혀 있을 수도 있고, 또 센 전기장 때문에 파괴될 수도 있을 것이다. 후자의 경우에는 수소 원자핵이나 전자 또는 그 둘 다 함께 방출될지도 모른다. 이러한 원자를 가정하지 않고서는 무거운 원소의 원자핵 구조를 설명할 수 없을 것이다. 왜냐하면 초고속도 α 알맹이가 발생한다고 가정하지 않는 한 어떻게 양하전의 알맹이가 무거운 원자핵의 큰 정전기적 반발력을 이겨내고 그 핵에 도달할 수 있을 것인지 이해가 안 되기 때문이다.」

이러한 투과력과 그리고 핵과의 이러한 반응이 바로 이 중성자의 색다른 성질인 것이다.

이 강연의 심오한 뜻을 금방 이해했던 사람은 얼마 없었다. 그런데 이상하게도 가장 열렬한 평이 유명한 생물학자인 자크 러브(Jacques Loeb, 1859~1924)로부터 최초로 왔다. 러브는 미국에 정착한 독일인으로서 러더퍼드와 친교가 있던 사람이었다. 즉 강연 내용이 공표되자 그는 곧 편지를 보냈는데 그는 「가장 훌륭한 부분은, 마치 당신이 지금 과학적 정복의 새 단계에 돌입하고 있는 것처럼 느껴진다는 점입니다.」라고 말했다. 그리고 편지 끝부분에 가서는 과학 연구가 관료주의적인 지배를 받기 시작하고 있다고 지적한 다음 이어서 「나는 당신의 베이커 강연이야말로 세계 모든 나라의 학술 연구 회의의 성과를 합한 것보다도 더 많은 것을 과학에 이바지할 것이라고 느꼈습니다.」[27]라고 말했다.

사람에 따라서는 대단히 구식의 감상이라고 느낄지도 모르겠다.

◦ 채드윅과 중성자의 발견

이야기를 11년쯤 건너뛰어서 캐번디시 연구소에서 어떻게 중성자의 존재를 확인하게 되었는가를 말해 보겠다. 이 중성자는 베릴륨 원소를 α 알맹이로 충격했을 때 나오는 방사선을 조사하다가 발견되었는데 이러한 방법이 대단히 효과적이라는 것은 이미 러더퍼드에 의해서 증명되었다. 베릴륨은 알루미늄보다도 훨씬 가벼운 금속으로서 그 원자 번호가 4이고 원자량은 9이다. 즉 수소 원자핵의 4배의 전하와 9배의 질량을 가지고 있다. 이 원소는 베릴(beryl, 녹주석)이라고 부르는 광물로부터 처음으로 얻었기 때문에 이러한 명칭을 얻게 된 것이다. 녹주석은 보석의 일종이며, 부인들이 좋아하는 남옥(aquamarine)이나 에메랄드도 녹주석의 변종들이다. 이 원소는 그 염들이 단맛을 나타내기 때문에 또 〈달다〉는 그리스어를 따서 글루시넘(glucinum)이라고도 부른다. 조리오(Frédéric Joliot, 1900~58)와 퀴리의 딸인 그의 아내 이렌 조리오-퀴리(Iréne Joliot-Curie, 1897~1956)는 1931년에 이 베릴륨으로부터 나오는 방사선이 특이한 성질을 가지고 있음을 발견했다. 즉 이 방사선은 투과력이 크며 수소 함유

27 이 부분은 노먼 페서, 『러더퍼드 경』(Norman Feather, Lord Ruthetford)의 p.163과 p.164에서 인용했다.

물질이 근처에 있을 때는 그 이온화 효과가 커진다. 특히 수소 함유 화합물의 일종인 파라핀 왁스는 물리 실험에서 측정 상자와 베릴륨 사이에 넣고 쓰는 편리한 물질이다. 그들은 충격된 베릴륨에서 나온 방사선이 왁스로부터 양성자를 몰아내기 때문이라고 가정함으로써 이 성질을 설명했다. 그러나 어떻게 해서 이런 일이 가능한지는 몰랐다.

채드윅은 이때 연구부 주임이었으며 가벼운 원소를 파괴하는 러더퍼드의 연구를 긴밀하게 도와주고 있었는데, 이 베릴륨 문제의 해명에 깊은 관심을 가지고 있었다. 그는 러더퍼드식의 독특한 간단한 방법으로 원형판에다 라듐 F(폴로늄)를 붙여서 이것을 α선원으로 사용하여 실험을 시작했다. 이 α선원은 β선이나 γ선과 같은 방해 작용을 하는 것이 나오지 않기 때문에 대단히 편리하다. 베릴륨 원형판을 이 α선원 앞에 놓고 쬐어 줌으로써 미지의 방사선이 나오도록 했다. 이 신비한 방사선을 검출하는 데는 이온화 상자를 썼는데, 이 상자를 진공관 증폭기에 연결하고 다시 기록계를 거쳐 감광기에 기록되도록 했다. 이온화 작용을 나타내는 알맹이가 이 상자 속에 들어오면 그때마다 그 결과가 일정한 속도로 움직이는 감광지 위에 기록되었다. 이때 이르러서는 섬광법에 의한 구식 계수법이 자취를 감추고 여러 가지 자동 기록계의 진공관 장치가 나와 있었는데 말할 것도 없이 큰 발전이 이루어진 것이다.

이 실험은 극히 간단했다. 즉 채드윅은 베릴륨과 계수상자(counting chamber) 사이에 두께 1인치 정도의 납판과 같은 두꺼운 금속판을 집어넣어도 매 분마다 계수가 같다는 것을 발견했다. 이것은 이 방사선이 극히 센 투과력을 가지고 있기 때문이라고 볼 수 있다. 베릴륨 방사선의 통로에 파라핀 왁스판을 삽입해 주면 계수가 현저하게 증가하는데 이것은 왁스로부터 이온화 알맹이가 튀어나오기 때문이라고 볼 수 있다. 그리고 흡수 스크린을 써서 이온화 알맹이의 비정을 측정해 보았더니 공기가 약 40㎝에 상당했다. 이 알맹이와 비정이 같은(즉 속도가 같은) 양성자의 이온화 능력을 알맹이의 이온화 능력과 비교함으로써 파라핀으로부터 나온 알맹이가 양성자임을 확인할 수 있었다. 이 실험의 마지막 단계에 이르러 파라핀으로부터 방출된 양성자들의 행동을 조사해 본 결과, 이들은 어떤 것인지는 모르지만 여하튼 양성자와 비슷한 질량을 가진 알맹이와의 충돌로 인해서 방출되는 것 같았다. 그런데 양성자와 비슷한 질량을 가진 알맹이가 1인치나 되는 납판을 통과할 수 있으려면 적어도 그 알맹이는 전하를 가지고 있지 않다고 가정해야만 한다. 왜냐하면 러더퍼드가 지적한 바와 같이 전기를 띠지 않은 알맹이여야 전하를 가진 원자핵이나 전자의 바로 근처를 아무런 작용도 받지 않고 통과할 수 있기 때문이다. 이를 통해 해서 1932년에 중성자의 존재가 확인되었다. 중성자와 원자핵이 정면충돌하여 양성자가 방출되는 이러한 충돌은 좀처럼 일어나기 어려운 것이다. 그럼에도 불구하고 채드윅의 실험에서 이것이 관측되었던 것은 베릴륨으로부터 상당히 많은 수의 중성자가 방출되었기 때문이다.

채드윅은 물론 중성자의 존재나 그 성질에 관한 러더퍼드의 예언을 잘 알고 있었다. 조리오는 「만일 우리 내외가 중성자를 예언한 그 베이커 강연 내용을 읽었더라면 채드윅보다 먼저 이 이상한 방사선의 정체를 알아냈을 것」이라고 말했다. 그들은 이 분야의 모든 문헌을 조사했지만 그 강연 내용만은 읽지 않았는데, 그 이유는 전혀 발표된 바가 없는 새로운 내용이 강연을 통해서 발표되는 일은 좀처럼 없었기 때문이다. 그들은 러더퍼드의 방식을 의당 알고 있었어야 했는데 그렇지 못했던 것이다.

∘ 윌슨의 안개상자

캐번디시에서 러더퍼드의 지휘 하에 이루어진 다른 큰 발견들을 이야기하기 전에 우선 윌슨의 안개상자(cloud chamber)에 관해서 약간 이야기하겠다. 이 장치는 기체 속에서 이온을 만드는 α 알맹이나 기타 고속 알맹이 하나하나의 통로를 볼 수 있게 하는 것으로서 윌슨이 고안해 낸 것이다. 이 장치는 상자 속에 공기 중에서 쉽게 가라앉지 않고 눈에도 안 보일 정도의 미세한 물방울들을 만들어 놓고, 그 속으로 이온화 알맹이를 통과시킬 수 있도록 해 놓은 것이다. 상자 속의 이 물방울들은 이온화 알맹이에 응축되어 이온화 알맹이의 통로가 흰 실 모양으로 나타나며, 따라서 그 통로를 직접 눈으로 볼 수도 있고 또 〈사진 9〉와 〈사진 12〉에서처럼 처음 사진 찍을 수도 있다.

젊은 윌슨이 이러한 장치를 고안하게 된 동기는 스코틀랜드의 최고봉인 벤 네비스(Ben Nevis, 1,343m) 정상에 올라갔다가 그 주위에 있는 아름다운 구름에 감탄하여 이것을 실험실에서 만들어 보려고 한 것에서 나온 것이다. 그는 그때 러더퍼드보다 두 살이 위인 25세였으며, 그들은 곧 캐번디시 연구소에서 함께 일하게 되었다. 즉 C. T. R.(윌슨의 애칭)은 그때 유리그릇 속에서 공기를 여러 비율로 급팽창시켜 가면서 인공 구름을 만드는 연구에 착수했던 것이다. 일정한 크기의 공간 속에는 물이 물방울이 아닌 수증기의 상태로 들어 있을 수 있으며 그 양은 온도가 높을수록 많아진다. 따뜻한 방 안에는 따뜻한 수증기가 들어 있는데, 이것이 찬 유리창에 응축되어 물의 막을 형성하는 현상은 자주 볼 수 있는 일이다. 이것은 유리에 접하고 있는 찬 공기는 따뜻한 공기 속에 들어 있던 수증기를 그대로 전부 보유할 수 없기 때문이다.

펌프로 타이어에 공기를 넣어 본 사람이면 누구나 다 아는 바와 같이 공기는 압축되면 더워지고, 반대로 갑자기 팽창되면 냉각된다. 이 원리에 따라서 C. T. R.은 수증기로 포화된 공기를 급팽창시켜서 온도를 떨어뜨렸으며 그리하여 마치 자연 구름처럼 미세한 물방울로 된 구름을 유리그릇 안에서 만들었던 것이다.

과포화 수증기, 즉 보통 허용되는 것보다도 더 많은 양의 수분을 포함하는 수증기로부터 물방울이 형성되려면 응집 중심체가 되는 알맹이가 필요하다. 비유해서 말하면 적당 수보다 많은 사람이 들어찬 방에서 서성거리는 사람의 수를 줄이려면 의자가 있어야 하는 것과 마찬가지다.

보통의 공기 속에는 작은 먼지 알맹이들이 항상 섞여 있으며, 특별히 제거하지 않는 한 이들은 이러한 응집 중심체의 역할을 한다. 그런데 1896년에 윌슨은 이온들, 예컨대 X선에 의해서 생성된 하전 알맹이들이 응집 중심체의 역할을 한다는 것을 발견했다. 이러한 작용은 이온 주위의 전기장 때문에 나타난다. 바꿔 말하면 작은 용기 속에서 수증기로 포화된 공기를 급팽창시켜 주면 그 용기 속에 구름이 생긴다. 그러나 같은 조건에서도 공기 속의 먼지를 제거했을 때는 공기를 이온화시키지 않는 한 응축이 일어나지 않는다.

윌슨은 빈틈이 없는 연구자로서 「서두르지 말고 꾸준하라.」(ohne Hast, aber ohne Rast)는 괴테(Johann Wolfgang von Goethe, 1749~1832)의 좌우명에 따라서 일을 했기 때문에 날짜를 표시해 놓았다. 그는 필요한 유리 세공을 직접했으며, 아름답게 설계한 자신의 장치들도 모두 훌륭하게 손수 조립했다. 그를 가리킨 유명한 덕담 중에서 대표적인 것은 아마도 러더퍼드가 1925년의 뉴질랜드 방문에서 돌아온 다음에 한 다음과 같은 말일 것이다. 「이제 즐겁던 일도 모두 끝나고 우리는 고국의 케임브리지로 돌아왔다. 몇 달만에 돌아와서 우선 나는 옛 벗인 C. T. R.을 만났는데 그는 여전히 커다란 유리 조인트를 갈고 있었다.」

C. T. R.은 우선 작은 안개들을 가장 잘 만드는 데 필요한 정확한 팽창량을 알아낸 다음에 필요한 부분을 하나씩 차곡차곡 완성해 나갔다. 드디어 1911년에 그는 α 알맹이에 의해서 생긴 이온 주위에 물방울이 응축되어 그 결과 α 알맹이의 비적이 연속적인 작은 물방울들의 흰 선으로 나타나게 하는 데 성공했다. 그는 이 실험에서 원통형의 작은 용기를 썼는데 그 위에는 유리판의 뚜껑을 붙여서 속의 비적을 볼 수 있게 했고, 밑에는 피스톤을 붙여서 적당한 만큼 밑으로 끌어내려 용기 속에 들어 있는 습한 공기를 급히 팽창시킬 수 있게 했다.

다음 해에 그는 좀 더 크고 개량된 안개상자를 만들어 가지고 α선과 β선과 그리고 X선에 의해서 만들어진 고속도 전자의 비적을 깨끗하게 사진으로 찍었다. 다음 절에서 이야기하는 바 와 같이 블래킷(Patrick Blackett, 1897~1974)은 이 방법을 발전시켜서 극히 중요한 결과를 얻은 사람인데 그는 윌슨이 찍은 이 초기의 방사선 비적 사진들이 1960년인 오늘날에도 여전히 이러한 종류의 사진으로서는 그 기술면에 의해서 최우수급에 속하는 것이라고 말했다. 윌슨의 안개상자로 찍은 아름다운 사진이 〈사진 9〉와 〈사진 12〉에 나와 있다.

이 비범한 성과는 본질적으로 볼 때 간단한 방법으로 만들어진 것인데, 이것을 지루하게 설명한 이유는 이 안개상자가 핵물리학에서 그 메커니즘을 규명하는 극히 중요한 한 수단으로 이용되었기 때문이다. 러더퍼드가 1914년의 멜버른 강연에서 윌슨의 안개상자로 찍은 α선의 비적을 언급했다는 것은 이미 앞 장에서 이야기한 바 있다. 이 방법은 과거 러더퍼드가 캐번디시 연구소에 있을 때 극히 중요한 결과들을 낳게 했으며, 오늘날에도 세계 도처에서 원자 물리학 연구에 쓰이고 있다. 오늘날 고에너지 핵물리학에서 널리 쓰이고 있는 그 유명한 기포상자(bubble chamber)는 윌슨의 장치를 그대로 본딴 것이며 현대 물리학에서 쓰이는 가장 훌륭한 장치의 하나이다.

∘ 패트릭 블래킷

캐번디시 연구소에서 안개상자를 가지고 당시의 가장 큰 성과를 올렸던 블래킷의 연구를 이야기해 보겠다. 이것은 러더퍼드가 채드윅과 함께 α 알맹이로 가벼운 원자핵의 파괴를 한참 연구하던 1921년에 손을 댔던 연구이다. 즉 안개상자를 쓰면 충돌 전의 α 알맹이와 충돌 후에 생긴 알맹이의 비적이 보일 것이므로 충돌 시에 일어나는 현상을 사진으로 찍을 수 있을지도 모른다는 생각이 그의 머리를 스쳐 갔다. 그리하여 많은 알맹이의 사진을 찍을 수 있는 안개상자가 계획되었다. 많은 알맹이가 필요한 이유는 정면충돌이 좀처럼 일어나지 않기 때문이다. 일본인 시미즈 다케오(Shimizu Takeo)가 이 연구를 시작했지만 그는 별다른 성과가 나오기 전에 일본으로 돌아갔으며 그로 인해 러더퍼드는 블래킷으로 하여금 그 일을 계속하게 했다. 그때 그는 대학을 갓 나온 23세의 청년이었으며 전쟁 중이던 1914년부터 1918년까지는 해군에서 복무했다.

블래킷은 피스톤이 15초마다 일정한 시간 간격으로 상하 운동을 하고 또 그때마다 자동적으로 사진이 찍히는 안개상자를 만들었다. 그리고 두 개의 알맹이가 충돌할 때의 과정을 분명하게 알아볼 수 있도록 비적 하나마다 두 장의 사진을 서로 직각이 되는 방향에서 찍었다. 한 장의 사진만 가지고는 비적들 사이의 각도를 알 수 없는데, 이것은 마치 한 개의 광원에 의해서 생긴 그림자만 가지고는 손의 위치를 정확히 모르는 한, 벌린 두 손가락 사이의 각도를 알 수 없는 것과 같다. 이어서 블래킷이 해야 할 일은 α 알맹이와의 근거리 충돌로 생긴 각 알맹이들의 비정과 위치를 구하는 것이었다. 물론 원하는 종류의 충돌을 찍었을 때의 이야기이다.

수소, 헬륨, 질소 또는 아르곤 기체를 가지고 찍은 많은 사진들이 가지가 둘 달린 포크 모양의 비적을 나타냈는데 이 두 개의 가지는 그 각도와 길이가 마치 두 개의 무게가 다른 구슬이 충돌하듯이 α 알맹이와 피충돌 원자핵이 탄성 충돌을 한다고 가정했을 때 예상되는 값과 잘 맞는 것이었다. 그러나 블래킷이 구하는 것은 이런 것이 아니라 원자핵 파괴의 증거를 잡자는 것이었다.

이런 증거를 잡는 데는 곧 알게 되겠지만 뛰어난 실험 기술과 함께 상당한 인내력이 필요하다. 1924년에 블래킷은 수 개월간에 걸쳐서 α선 비적 사진 약 23,000장을 찍었다. 한 장의 사진마다 평균 18개의 비적이 나왔으므로 전부 합해서 약 40만 개의 비적 사진을 찍은 것이다. 이 중에서 그는 새로운 종류의 가지가 나온 비적 사진 8장을 골라냈는데, 두 가지 중에서 하나는 길고 가는 것은 양성자가 틀림없었고, 또 하나는 굵고 짧은 것이었다. 그중에서 가장 잘 나온 것은 〈사진 9〉에 실었다. 이 사진에서 왼쪽으로 약간 밑을 향한 가늘고 긴 비적이 질소 원자핵으로부터 튀어나온 양성자의 비적이다. 또 오른쪽으로 약간 위를 향한 짧고 진한 비적은 충돌 때문에 생긴 산소 동위 원소의 비적이다.

충돌에 의해서 산소의 동위 원소가 생긴다는 것은 다음과 같 은 생각을 해 보면 분명하다. 만일 α 알맹이가 질소핵과 근접 충돌을 하여 질소핵으로부터 양성자를 몰아내는 동시에, 산소와 충돌할 때처럼 반발되어 나간다면 각각 양성자와 질소핵과 그리고 반발되어 나오는 α 알맹이에 의해서 생기는 세 개의 비적이 나타나야 한다. 양성자의 비적을 빼놓고 단 하나의 비적만 생겨났다는 것은 α 알맹이와 질소핵이 분명히 한 덩어리로 되었음을 말하는 것이다. 질소핵의 전하는 7단위이므로 새로 생긴 핵은 산소 원자에 고유한 8단위의 전하를 가지며 그 질량도 17단위가 되어야 한다. 보통의 산소는 그 질량이 16이므로 새로 생긴 핵은 산소의 동위원소라야 한다. 이 새로운 동위 원소가 존재한다는 것은 얼마 안 가서 광학적으로 증명되었다. 이와 같이 해서 비록 몇 개 안 되는 원자이기는 하지만 새로운 형태의 원자핵 변환이 결정적으로 증명되었다. 감도가 좋은 천평을 쓰더라도 저울질할 정도가 되려면 몇 조(兆)개의 원자가 필요할 것이다. 그런데 이 새로운 방법에서는 단일 원자의 질량을 잰 것이다.

∘ 양전자

블래킷의 이 연구는 러더퍼드의 직접 지도 하에 계획된 것인데 러더퍼드는 이즈음에 캐번디시 연구소를 책임지기 시작했으며 모든 진행 중인 연구에 깊게 관계하고 있었다. 기왕 블래킷과 윌슨의 안개상자 이야기가 나온 김에, 이들의 결합으로 이루어진 또 하나의 중요한 연구에 관해서 이야기하겠다. 물론 이것은 훨씬 후에 이루어진 것이기는 하다. 많은 연구자들은 실험실의 선원에서는 나오지 않은 비적이 안개상자 사진에 가끔 나타나는 것을 발견하고 있었다. 이러한 비적은 외계로부터 오는 알맹이의 작용으로 나타나는 것이다. 블래킷은 오키알리니(C. P. S. Occhialini)와 공동으로 우주선 알맹이(외계로부터 날아오는 알맹이들의 명칭)가 안개상자를 작동하게 하여 그 알맹이가 안개상자 속을 통과할 때만 사진이 찍히도록 장치를 마련했다. 그는 안개상자의 위와 밑에다 가이거 계수관(Geiger counter)을 하나씩 붙여 놓고 이 양쪽 계수관을 통과하는 방사선은 자연적으로 모두 안개상자 속을 통과하도록 해 주었다. 다음에는 적당한 회로를 이용하여 이 두 개의 계수관이 동시에 방전될 때만 안개상자가 팽창하도록 해 놓았다. 방사선 때문에 생긴 이온은 잠시 동안 그 근처에 머물러 있게 되므로 안개상자가 조금 늦게 팽창하더라도 보통의 물방울이 그 위에 서리게 된다. 이와 같이 해서 무언가 중요한 대상이 나타날 때만 사진으로 찍히게 했던 것이다. 이 안개상자는 자기장 속에 놓았는데 이렇게 하면 하전 알맹이의 비적은 그 전하가 양이냐 음이냐에 따라서 정반대의 방향으로 굽어지게 된다.

블래킷과 오키알리니는 이와 같이 해서 어느 한쪽으로 휘는 것과 또 그 반대 방향으로 휘는 많은 비적을 발견하게 되었다. 계산을 해 본 결과 그중 한쪽으로 휘는 것은 잘 알려진 전자였고, 반대 방향으로 휘는 것은 전자와 질량이 똑같고 그 전하의 크기도 똑같았으나 부호가 반대인 알맹이에 의한 것임을 알게 되었다. 이것이야말로 자주 찾아내려 했지만 좀처럼 발견되지 않았던 양전하의 전자, 즉 양전자였던 것이다. 앤더슨(Carl D. Anderson, 1905~1991)도 미국에서 보통의 안개상자를 써서 이즈음에 양전자를 발견했다. 이 발견은 서로 완전히 독립적으로 이룬 것으로서 모두

1933년에 일어났던 일이다. 러더퍼드의 사후인 1948년에 블래킷은 「윌슨 안개상자법의 개량 및 그것에 의한 핵물리학과 우주선 분야에서의 발견에 관하여」라는 제목으로 노벨상을 받았다.

◦ 애플턴과 라디오파

채드윅이 중성자를 발견하고 또 블래킷이 안개상자를 이용해서 양전자를 발견하게 되었다는 등의 이야기를 한 이유는 제1차 세계 대전 직후 러더퍼드가 캐번디시 연구소를 통솔하기 시작한 초기에 그에게 몰려온 젊은이들에게 어떻게 격려를 받고 힘을 얻어서 그와 같이 큰 발견을 할 수 있었는가를 보이기 위해서였다. 그런데 그의 맨체스터 연구실에도 방사능 이외의 분야를 연구한 사람이 있었으며 그들의 연구에도 그가 호의와 흥미를 나타냈었듯이 이즈음의 캐번디시 연구소에도 원자 물리학 이외의 분야에 걸출한 몇 사람의 연구자가 있었다. 그중에서도 유명했던 사람은 애플턴(Edward Victor Appleton, 1892~1965) 즉 후일의 에드워드 경(Sir Edward)이었는데 그는 지상 약 200㎞에까지 걸쳐 있는 이온층, 이른바 애플턴층(Appleton layer)을 발견했으며 1947년에는 애플턴층을 포함한 상층 대기의 물리적 성질을 연구한 공로로 노벨상을 받았다. 그는 제1차 세계 대전 중에 기술 장교로 복무하면서 무선 신호의 전파와 그 소멸 현상에 깊은 흥미를 갖게 되었고 전쟁이 끝나자 채드윅이나 블래킷과 마찬가지로 케임브리지로 갔다. 러더퍼드는 자연히 그에게도 핵물리학의 연구를 시키려고 했다. 그러나 애플턴은 무선에 관한 연구를 원했다. 그는 러더퍼드에게 자기의 계획을 어떻게 설명했는가를 기록해 놓았는데 그의 이야기가 끝나자 러더퍼드는 "해 보게, 뒤를 밀어주지."라고 말했다 한다. 이것은 얼마 되지 않는 연구비의 일부를 그의 단골인 극소립자로부터 차원이 큰 전파로 돌린다는 뜻이다. 그는 아마도 젊었을 때의 무선 전파의 연구를 회상했거나 아니면 애플턴에게 졌다고 생각했는지도 모른다. 어쨌든 러더퍼드는 애플턴의 연구에 깊은 관심을 가졌는데 애플턴은 그로부터 수 년 안에 대기권 상층에 전리층이 존재한다는 것을 증명했다. 무선 전파가 지구를 도는 이유를 설명하기 위해 미국에서 케넬리(A. E. Kennelly, 1861~1939)와 영국에서 히비사이드(Oliver Heaviside, 1850~1925)는 서로 독립적으로 이러한 층이 존재해야 한다고 가정했던 것이다. 하전된 알맹이의 막은 긴 파장의 전자파를 반사해 주는 작용을 한다. 애플턴은 또한 그보다 더 위에 애플턴층이라고 부르는 제2의 전리층을 발견했는데 여기에 대해서는 위에서 방금 언급한 바 있다. 애플턴이 이와 같이 라디오파와 상층권의 연구를 하게 된 것은 러더퍼드의 직접적인 격려에 의해서였다. 그는 1924년에 런던 대학의 킹스 대학(King's College) 물리학 교수가 되어 케임브리지를 떠났으며 그곳에서 몇 가지의 가장 중요한 연구를 수행했는데 러더퍼드는 그와 친교를 계속 유지했다. 그 증거로서 애플턴은 노벨상 수상 시에 스톡홀름의 정식 만찬회의 연설에서 「아마도 충분히 이해해 주시리라고 믿습니다만, 제가 전리층의 연구를 시작했을 때 마음으로부터 격려와 도움을 주셨던 노벨상 수상자이며 저의 옛 은사이신 러더퍼드 경이 오늘날 생존하시지 못해 직접 칭찬의 말씀을 들려주시지 못하는 것이 무엇보다도 유감입니다.」라고 말했다. 다른 자리에서도 애플턴은 충심으로 러더퍼드가 자기 자신의 연구처럼 남의 연구를 격려해 주었다는 점에서 훌륭했다고 말했다. 지금 이야기하는 시대가 특히 바로 이 말에 해당하는 때일 것이다.

◦ 캐번디시에서의 다른 연구

당시 캐번디시 연구소에서 러더퍼드와 전혀 독립적으로 연구를 하고 있던 대학자 애스턴이 있었는데 그의 동위 원소에 관한 연구는 원자 물리학에서 극히 중요한 것이었다. 그는 J. J. 톰슨의 지도 하에 연구를 시작하여 그의 이름을 세상에 알렸다. 그는 전후에도 그 연구를 계속했지만, 연구는 늘 캐번디시 연구소에서 했다. 그는 홀로 연구를 했으며 극히 간단한 구조의 장치를 가지고 놀랄 만한 성과를 올렸다. 그의 발견은 후에 이야기하겠지만 가벼운 원자핵의 변환에 있어서 질량 문제를 고찰하는 데 중요한 역할을 했다. 그는 러더퍼드의 가까운 벗의 하나였으며 헤베시가 쓴 바와 같이 러더퍼드가 누구보다도 존경했던 인물이었다. 그는 러더퍼드와 같이 자주 골프를 쳤는데 그 일단은 〈수다스러운 4인조〉(talking foursome) 라는 별명을 얻고 있었다. 그들이 떠들던 기록이 남아 있었더라면 재미있었을 것이다. 애스턴 역시 캐번디시의 노벨상 수상자의 한 사람으로 보어가 물리학상을 받았던 1922년에 수상자로 선정되었다. 애스턴도 러더퍼드와 마찬가지로 물리학상이 아닌 화학상을 받았다.

캐번디시 연구소의 또 한 사람의 저명한 연구자는 제프리 테일러(Sir Geoffrey Taylor, 1886~1975)이다. 그의 연구실은 러더퍼드의 바로 이웃에 있었으며 그는 X선, 전자 및 방사능 등이 나타나기 전의 물리학인 고전 물리학의 문제를 연구하고 있었다. 그는 대기의 교란 운동, 액체 운동의 어려운 문제 및 금속의 기계적 성질 등의 기초적인 연구를 하고 있었는데, 러더퍼드의 연구와는 너무나 거리가 멀었다. 러더퍼드는 언젠가「테일러와 같이 재치 있는 친구가 하필이면 그런 연구를 하는지 이해할 수가 없다.」라고 말한 적이 있다. 그렇지만 그는 러더퍼드의 친한 벗이었으며 앞에 말한 수다스러운 4인조의 일원이었다. 그는 훨씬 후에「러더퍼드나 나는 둘 다 골프에 서툴렀다. 솔직히 말해서 내가 골프를 얼마간 친 목적은 러더퍼드의 이야기를 듣는 즐거움 때문이었다.」라고 말했다. 이 4인조의 나머지 또 한 사람은 러더퍼드의 사위인 파울러였는데 그 역시 캐번디시의 위인이었으며 뛰어난 이론 물리학자였다. 러더퍼드가 죽은 지 몇 년 후에 테일러는 로스 앨러모스(Los Alamos)에서 원자 폭탄 연구에 종사하게 되었는데 여기서 그는 강력한 폭발에 수반하는 폭풍의 파괴력을 연구했다. 그리하여 그의 연구와 러더퍼드의 연구가 당시에는 아무도 상상하지 못했던 형식으로 연결되게 되었다.

러더퍼드가 통솔을 한 최초의 10년간 그러니까 1920년부터 1930년 사이에 캐번디시 연구소는 전쟁이나 전시 체제로부터 돌아온 젊은이들 때문에 생기가 넘쳤으며 이들은 소장에게 지지 않으려는 열의에 차 있었다. 러더퍼드는 한편으로는 그들의 연구를 지도하는 데 열중했고 또 한편으로는 자기 자신의 연구에도 골몰했다. 이 두 가지 일이 뚜렷하게 구분되는 것이 아니었음은 물론이다. 이러한 연구 중에서 가장 중요했던 것은 나는 원자핵 변환에 관한 연구였다. 이 연구는 모두 옛날부터 해오던 섬광법(Scintillation Method)으로 했는데 끝날 무렵에는 차츰 큰 에너지 알맹이를 자동적으로 기록하게 되었다. 블래킷의 연구에서 잘 나타난 바와 같이 원자핵의 충돌이나 그 작용을 조사하는 데는 윌슨의 안개상자가 전적으로 이용되었다. 또 원자핵의 크기와 원자핵 바로 주변의 전기장에 관한 일련의 연구가 러더퍼드, 채드윅, 빌러(E. S. Bieler) 등에 의해서 행해졌다. 이것은 어떤 면에서는 α 알맹이의 산란에 관한 가이거 및 마스든의 초기 연구의 연장이라고도 할 수 있다. 원자핵의 구조를 살피는데 α 알맹이가 사용되었고 산란 알맹이의 경로를 알아내는 데는 전부터 쓰여 온 섬광법이 이용되었다. 그 결과 핵이 비록 무겁기는 하지만 그 반경이 대단히 작고 또 핵의 바로 근처에서도 힘의 역제곱 법칙이 엄밀하게 성립한다는 것을 알게 되었다. 그러나 이 결과는 별로 중요한 의의를 가질 정도는 아니었으므로 더 이상 자세히 이야기하지 않겠다. 원자핵의 구조가 밝혀지기에는 시기상조였던 것이다. 즉 원자핵의 중요한 구성 요소인 중성원자는 미처 발견이 안 되었고 핵 알맹이들 사이의 상호 작용에 관한 대단히 중요한 이론도 미처 발견되지 못했다.

β선과 γ선에 관해서도 중요한 연구가 진행되었으며 많은 저명한 학자들이 이 일에 종사하고 있었다. 보어에 의해서 처음으로 제창되었고 그

후 저자와 하이델베르크 시절의 옛 벗인 발터 코슬에 의해서 많은 진전을 보게 된 원자의 전자 배치와 에너지 준위에 관한 연구에도 역시 많은 저명 인사가 종사하고 있었다. 이상 말한 것으로써 캐번디시 연구소가 얼마나 분주하게 마치 벌집 속과 같이 돌아가고 있었던가를 충분히 이해해 주리라고 믿는다.

◦ 영예와 명성

1920년부터 1930년 사이에 러더퍼드의 이름과 명성은 맨체스터 시절보다도 한층 더 높아졌다. 그리고 그에게 주어진 이 수많은 영예들은 차츰 그로 하여금 공공의 일이나 특별 강연 등으로 많은 시간을 돌리지 않을 수 없게 만들었다. 예컨대 1923년에 그는 영국과학진흥협회의 회장이 되었는데 젊었을 때는 가끔 이 모임에서 자기의 발견을 해설도 하고 토론도 하고 또 변호도 하고 했었다. 그는 이 협회의 리버플 회합에서 물질의 전기적 구조에 관해 활기찬 강연을 했다. 이 강연은 영국 방방곡곡에 방송되었는데 이러한 내용의 강연이 이러한 형식으로 공개되기는 처음이었다. 다음 해에는 이 협회의 연회를 토론토에서 열었으며 러더퍼드는 부인을 동반하고 가서 원자 파괴에 관한 강연을 했다. 그가 이 기회에 캐나다의 옛 친구들을 사적으로 만나서 즐겼음은 물론이다. 회의가 끝난 후 그는 미국의 여러 대학에서도 일련의 강연을 했다. 이때는 다수의 고참 연구자들이 참석했는데 그의 연구에 대한 거센 정열은 청중들에게 많은 활기를 불어넣어 주었다. 그 후 다시 캐나다에 돌아와서 옛 보금자리였던 몬트리올의 맥길 대학에서 방사성 원소의 붕괴에 관한 강연을 했다. 그가 이 해에 국내에서도 케임브리지가 아닌 다른 곳에서 강연을 했음은 물론이다. 예컨대 국립과학연구소에서도 그는 원자핵에 관해 강연을 했던 것이다. 이런 것들은 모두 그가 연구소 밖에서 한 활동의 일부를 나타낸 것이다.

다음 해인 1925년 초에 과학계와 일반 사회에서의 위치가 공식적으로 높이 평가되어 그는 메리트 훈장(Order of Merit)을 받았다. 이것은 영국 최고의 명예로서 이 훈위를 갖는 사람의 수는 육해군의 국가적 인물을 포함해서 24명으로 제한되어 있었다. 이것은 보통 왕립학회 회장에게 수여되는 것이었는데 러더퍼드는 그때까지 그 자리에 올라가지 못했었다. 덧붙여 말하자면 윈스턴 처칠(Winston Churchill)이 이 훈장의 소유자였고 또 드와이트 아이젠하워(Dwight D. Eisenhower)도 1945년에 그 명예 훈장을 받았다.

같은 해 연말에 러더퍼드는 왕립학회 회장으로 선출되었다. 이 자리는 임기 5년으로서 자연과학과 생물과학의 대표자가 교대로 취임하게 되어 있었다. 러더퍼드는 신경 계통의 연구로 새 분야를 개척한 찰스 셰링턴의 뒤를 이었으며 비타민의 중요성을 발견한 고울랜드 홉킨스(Gowland Hopkins, 1861~1947)에게 뒤를 물려 주었다. 그는 이 자리에 큰 관심을 가지고 있었으며, 선출된 기쁨을 조금도 감추려 하지 않았다. 그는 왕립학회의 모든 일에 각별히 활발한 관심을 나타냈으며 모든 면에서 훌륭한 회장임을 증명했다. 근 50년 동안이나 왕립학회 회원이었고, 대단한 비평가였던 암스트롱은 그에게 「회장으로서의 당신의 태도는 즐거웠습니다. 회장이 질문을 하거나 토론을 권하거나 한다는 것은 놀라운 변화입니다.」라는 편지를 보냈다. 러더퍼드가 회장 노릇을 어떻게 했는가를 나타내는 다음과 같은 일화가 있다. 이야기인즉 결정의 구조에 관해 중요한 연구를 한 제임스(R. W. James) 교수가 1927년에 아직 젊은 나이로 왕립학회에서 논문을 소개했을 때의 일이다. 회의가 정식으로 시작되기 전에 러더퍼드는 그의 팔을 붙들고 "아직 이곳에서 논문을 읽어 본 경험이 없죠? 좀 일러드릴까요?"라고 물었다. "제발 잘 부탁합니다."라고 제임스가 말했음은 물론이다. 그러자 러더퍼드는 회장의 큰 의자를 가리키면서 "제발 너무 어렵게는 하지 마시오. 저 자리에 앉아서 그것을 참고 견뎌야 하니까."라고 말했다고 한다. 그렇게 그는 젊은 사람의 마음을 가라앉혀 준 것이다.

왕립학회 회장이 되기 직전에 러더퍼드는 오스트레일리아와 뉴질랜드로 긴 여행을 떠났으며 약 다섯 달 동안 자리를 비웠다. 여느 때와 마찬가지로 그는 많은 강연을 했다. 그의 고향인 뉴질랜드 방문은 자연스럽게 대단한 축하 행사가 되었으며 북쪽 섬에 있는 오클랜드(Auckland)에서의 강연에서는 약 500명이 서 있었고, 약 500명은 들어가지도 못할 정도로 회장이 초만원을 이루었다. 러더퍼드는 마음속으로 기꺼이 이러한 의무와 인사를 치렀지만 자연히 연구소를 오랫동안 비워 놓게 되었다. 뉴질랜드 여행은 특히 긴 휴가였다. 수년 후에는 영국 과학진흥협회의 연회가 남아프리카에서 열렸으며 러더퍼드는 이때도 몇 달 동안 여행을 했다. 물론 당시에는 장거리 민간 항공이 없었으므로 그런 곳까지 배로 가려면 상당한 시일이 걸렸다. 남아프리카에서는 연구소의 개소식과 강연회가 있었고 이어서 산과 숲을 관광하게 되었다. 러더퍼드는 이러한 자연의 경치를 좋아했는데, 아마도 젊은 시절을 회상하게 해 주기 때문이었는지도 모르겠다. 의무와 즐거움의 두 가지 이유에서 그는 또 이탈리아의 코모(Como)와 같은 옛 문화의 고적도 찾아갔다. 이곳은 위대한 대 발견자 알레산드로 볼타(Alessmdro Volta, 1745~1827)가 탄생한 곳으로 볼트(volt)라는 단위는 그의 이름을 딴 것이다. 1927년에 볼타의 탄생 100주년 기념행사가 이곳에서 열렸는데 러더퍼드가 강연을 했다. 이 밖에도 상패나 표창을 받았을 때라든가 연구소의 개소식 등에서 많은 강연을 했다.

1930년 말에 작위를 받음으로써 그의 영광은 절정에 달했다. 이것은 정초에 공표되기 때문에 신년 수작(New Year's Honours)이라고도 부른다. 러더퍼드는 〈넬슨의 러더퍼드 남작〉이라는 칭호를 받았는데 이것은 그가 러더퍼드 경으로 불리게 되었음을 말하는 것이다. 그의 고향을 기념해서 〈넬슨〉이라는 칭호를 택했다는 것은 이미 이야기했다. 그의 부친은 1928년에 89세의 나이로 세상을 떠났지만 모친은 87세로서 아직도 생존했으며, 러더퍼드는 모친에게 「이제 러더퍼드 경이 되었으니 저보다도 어머님의 영예입니다. 어니스트」라는 다정한 전보를 보냈다. 그의 모친은 그보다 겨우 2년 전인 1935년에 92세로 세상을 떠났다.

작위 수여가 있기 2주일 전에 러더퍼드는 큰 타격을 받았다. 파울러와 결혼한 아일린이 네 번째 아이를 낳고 얼마 후에 죽은 것이다. 그녀는 러더퍼드가 사랑하는 무남독녀로서 그녀가 죽자 그는 눈에 띄게 늙어버렸다. 그러나 그의 손자들이 끝까지 그를 즐겁게 해 주었다.

∘ 카피차 교수

1930년대로 넘어가기 전에 캐번디시 연구소에서 새로운 분야의 연구 활동이 시작되는 큰 전환기가 됐던 일에 관해서 이야기를 해야겠다. 그것은 1921년에 러시아 사람인 표트르 카피차(Peter Kapitza, 1894~1984) 교수가 오게 된 것인데 그는 결국 1934년까지 러더퍼드 밑에 있으면서 그에게 큰 영향을 주었다.

카피차는 전기 기술자로서의 교육을 받았고 극히 강한 개성과 자신감을 가지고 있었다. 러더퍼드는「우리는 돈이 없으며, 따라서 생각해야만 한다.」라고 말해 왔다. 그리하여 한두 사람의 손으로 조립한 장치를 써서 실험을 해 왔는데, 카피차는 러더퍼드로 하여금 이러한 구식 방법을 버리게 하고 전기공학 기술을 물리학 연구에 도입할 필요성을 절감하게 해 주었다. 러더퍼드는 카피차를 위해서 과학기술성(Department of Scientific and Industrial Research)으로부터 많은 자금을 얻어 냈으며, 이것으로 비록 100분의 1초 정도밖에는 지속이 안 되지만 지금까지보다 훨씬 더 강한 자기장을 발생시키는 장치를 만들었다. 이 센 자기장을 이용해서 카피차는 윌슨의 안개상자 비적에 나타난 것과 같은 α 알맹이의 궤도를 지금까지보다 훨씬 더 세게 구부렸으며, 또 물질의 자기적 성질에 관한 많은 실험을 통해 본질적으로 중요한 것은 아니지만 여러 가지 재미있는 결과를 얻었다.

러더퍼드는 카피차가 퍽 마음에 들었으며 그의 연구 자금으로 더 많은 돈을 과학기술성으로부터 얻어 냈다. 또 카피차는 그의 추천으로 1925년에 트리니티 대학의 펠로우로, 그리고 1929년에는 왕립학회 회원으로 선출되었다. 러더퍼드는 1927년도 왕립학회 회장 연례 연설에서 카피차의 연구를 소개하는 데 많은 시간을 할애했으며 「새로운 기술을 개발하고 그것을 과학 연구에 응용함으로써 과학이 발전할 수 있다.」라고 말했다. 카피차를 위해서 특별 교수직이 신설되었고 왕립학회는 그에게 특별 연구소를 세워주기 위한 많은 돈을 지불했다. 이 연구소는 몬드 연구소(Mond Laboratory)라고 불렀는데 그 이유는 몬드(Ludwig Mond)라는 사람의 유산이 이 연구소의 자금원이었기 때문이다. 1933년에 있었던 이 연구소의 개소식에는 당시 케임브리지 대학의 총장이었고, 영국연방수상이었던 스탠리 볼드윈(Staney Baldwin, 1867~1947)이 참석했다. 러더퍼드는 그 자리에서 「이 연구소의 개소는 나로서는 퍽 중요한 일입니다. 나는 이 새로운 발전들에 어버이와 같은 관심을 가지고 있었지만, 이와 같은 강력한 연구용 장비를 마련하고 케임브리지에서 새로운 분야의 연구를 가능하게 한 공로는 카피차 교수의 노력과 정열인 것입니다.」라고 말했다.

저명한 물리학자 래비는 「카피차의 임명에 대해서는 영국 내에서도 많은 비판이 있었는데 케임브리지 안에서보다 외부에서 더 많았던 것 같다.」라고 기록한 적이 있음을 덧붙여 두겠다. 그러나 케임브리지 밖에서는, 즉 특별히 뛰어났다고는 볼 수 없는 그의 발표 논문들만 보았을 뿐이고 그의 고무적인 성격은 몰랐을 테니까 당연하다고 말할 수도 있다.

카피차는 이 연구소에 수소를 액화시키는 정교한 장치와 헬륨 액화장치를 설비했으며, 극저온을 만들어 가지고 여기에다 그의 센 자기장을 작용시켜서 어떤 특별한 실험을 해 볼 심산이었다. 그는 자주 고국을 방문했는데 그때마다 정부 당국자들은 그가 영국에서 가지고 있는 설비와 그의 영국에서의 평판 때문에 깊은 감명을 받았던 것 같다. 아무튼 그가 1934년 소련에 갔을 때 그가 하는 그런 중요한 일들을 고국에서 해야 한다는 명령을 받았기 때문에 영국으로 돌아오지 못하게 되었다. 러더퍼드는 볼드윈한테 편지로 「소련 정부는 카피차를 강제로 붙들어 놓고 전기공업 발전에 이용할 생각인 것 같은데 아마 그릇된 정보를 받았다는 것을 모르는 모양입니다.」라고 말했다. 어쨌든 카피차가 없어진 마당에서 그의 장치는 케임브리지에서 소용이 없게 되었고 그리하여 그 시설 전부를 3만 파운드라는 협정 가격으로 소련 정부에 팔게 되었다. 이 돈은 이 장에서 지금까지 소개한 케임브리지 연구진의 훌륭한 연구와 곧 이야기할 코크로프트 및 왈턴의 장치에 들어간 돈의 몇 배나 되는 액수였다. 카피차가 영국을 떠날 때까지 해 놓은 연구로 어떤 특출한 발견이 이루어진 것은 아니지만 이러한 새 연구소의 설립은 그의 폭넓은 활동의 한 성과를 나타내기에 충분하다.

◦ 코크로프트와 왈턴

이와 같이 20년대 후반에는 캐번디시 연구소에 차츰 변화가 일기 시작했다. 즉 설계는 교묘하지만 유리관 토막이나 봉납이 나 황화아연 조각 등과 같은 재료로 대수롭지 않은 장치를 만들어 쓰던 낡은 연구 분위기가 설계와 건립에 많은 시간이 걸리고 또 많은 돈이 드는 큰 장치가 쓰이는 연구로 서서히 옮겨 갔다. 카피차의 연구는 앞으로 등장하게 될 새 시설들의 값진 본보기가 되었을 뿐이고 연구소의 주된 관심거리였던 원자핵 물리학에는 아무런 영향도 미치지 못했다. 그러나 코크로프트와 왈턴은 전기공학의 기술을 써서 원자핵을 파괴하는 선구적 연구를 했으며, 따라서 연구 제목은 러더퍼드와 채드윅의 전통을 따랐지만 천연의 고속 알맹이 대신 인공적으로 가속한 알맹이를 썼으므로 그 규모는 전혀 달랐다. 이것은 원자핵 변환 연구에 있어서 새로운 시대의 출발점이었다.

코크로프트는 1897년에 태어났으며 제1차 세계 대전 초기에 맨체스터 대학에서 두 학기를 배우면서 러더퍼드를 만나 깊은 감명을 받았다. 대전 중에는 포병으로 전선에서 근무했으며, 전후에는 전기 기사로서의 교육을 받으면서 좋은 성적을 나타냈다. 그런데 그는 물리학 연구를 잊지 못해서 케임브리지로 갔으며 캐번디시 연구소에서 일하게 되었다. 그는 거기서 애플턴에게 실험 기술의 기초를 배웠다. 케임브리지에서 학위를 받은 다음 정식으로 그곳에 머무르면서 러더퍼드의 지도 하에 연구를 시작하여 얼마 안 가서 원자핵을 고전압으로 가속된 알맹이로 파괴하는 방법을 개발하기 시작했다.

러더퍼드는 원자핵을 연구하려면 고에너지, 즉 고속 원자핵을 쓰는 것이 제일 좋다고 믿고 있었다. 그가 좋아하는 투사물인 α 알맹이는 거대한 에너지를 가지고 있으며, 이 에너지는 두 단위의 전하를 가진 이 알맹이가 약 400만 볼트 전위차로 가속할 때 얻어지는 것과 맞먹는다는 이점을 가지고 있었다. 1930년만 하더라도 이런 높은 전압을 얻는다는 것은 불가능했다. 물론 오늘날에는 세계 도처에 흩어져 있는 많은 연구소에서 수십억 볼트의 전압까지도 발생시키고 있다. 따라서 당시에는 α 알맹이가 원자핵 연구에 안성맞춤인 알맹이였던 것이다. 그런데 불행히도 합당한 선원으로부터 나오는 이런 알맹이의 수는 많지 않았으므로 적당한 시간 내에 많은 핵변환을 일으킬 수는 없었다. 1/10gm 정도의 라듐은 값도 비쌌지만 비교적 큰 α 알맹이원으로서 매초 수십억 개의 α 알맹이를 방출한다. 이것은 굉장한 수처럼 들리지만, 모든 방향으로 방사되어 나가는 이 알맹이들을 한 선속으로 모을 도리가 없었다. 따라서 가는 선속을 얻으려면 한 방향의 좁은 각도로 방출되는 알맹이들만을 취해야 하며 결과적으로 극소수의 알맹이를 제외한 대부분의 알맹이를 버려야 하는 것이다. 그뿐만 아니라 이와 같이 취하는 소수의 알맹이 중에서도 약 100만 개 중 하나 정도만이 극히 작은 원자핵 표적과 정면으로 충돌하여 원자핵 변환을 일으키는 것이다.

여기에 반해서 방전관을 사용하면 알맹이를 제한된 선속으로 대량 만들어 낼 수 있다. 1암페어의 전류는 매초 600만 개의 100만 배의 또 100만 배에 해당하는 전자 전하의 흐름과 맞먹는다. 따라서 극소량의 암페어라도 상당한 수의 하전 알맹이를 공급해 줄 수 있다. 그런데 한 가지 어려운 점은 1920년대의 통설에 따르면 원자핵은 전위의 장벽으로 보호되어 있다는 것이며, 따라서 입사 알맹이가 약 40만 볼트에 해당하는 에너지를 가지고 있지 않으면 핵 속을 뚫고 들어가서 변환을 일으키지 못한다는 것이었다. 그러나 당시에는 방전관에다 그와 같이 높은 전압을 걸어 줄 수가 없었던 것 같다.

그런데 1928년에 가모프(George Gamow, 1904~1968)와 그리고 별도로 거니(R. W. Gumey)와 칸든(Edward Condon, 1902~1974) 두 사람이 각각 독립적으로 훨씬 낮은 에너지의 α 알맹이로도 장벽을 뚫고 들어가서 원자핵을 변환시킬 수 있다는 것을 새로 발전된 파동 역학의 이론을 써서 증명했다. 코크로프트는 같은 이론이 고속 양성자의 경우에도 성립할 것이라고 생각했다. 에너지가 낮을수록 즉 알맹이를 가속시키는 전압이 낮을수록 침입할 확률이 작아지기는 하지만, 몇십만 볼트만 되더라도 그 확률이 그리 작지는 않다. 이것은 마치 어떤 보물 둘레를 둥그렇게 산이 둘러싸고 있고 이 산에 여러 굴이 뚫려 있는데 굴의 수는 위로 올라갈수록 많아져서 산꼭대기까지 오르지 않고도 낮은 곳으로 길을 찾을 수 있지만 높이 올라가지 못할수록 그 확률이 낮아지는 것과 같은 이치이다.

러더퍼드의 온정이 깃든 격려하에 코크로프트는 왈턴의 조력을 받으며 가속된 양성자로 원자핵을 변환시킬 수 있는지 없는지를 알아내기 위해 핵물리학 분야에서는 아주 새롭다고 할 수 있는 형식의 고전압 설비를 건설하기 시작했다.

코크로프트와 왈턴의 장치에서는 보통의 변압기로 발생시킨 교류 전압을 정류해 가지고 전자 장치를 이용한 특수 순간 스위치와 두 줄로 쌓아 올린 축전기를 사용하여 그 전압을 몇 배로 올려 주게 했다. 이와 같이 전압을 점차로 높여서 약 50만 볼트의 직류 전압을 얻고 이것을 기다란

수직 방전관에 걸어 주었다. 또 이 방전관 꼭대기에서는 보통의 방전으로 수소 이온, 즉 양성자를 발생시켰다. 이와 같이 하면 양성자가 한 줄의 흐름으로 가속되는데 이 양성자의 흐름을 방전관 밑에 있는 표적에 충격시켰다. 이 장치의 전경이 〈사진 10〉에 나와 있는데 끝에 달린 관측대에 코크로프트가 앉아 있다.

이 구조는 지금 현재로 볼 때 대단히 거칠게 보일지도 모른다. 정류기와 가속 장치의 관은 약 1㎝ 길이의 유리관으로 만들었는데, 이 유리관은 당시 영국에서 널리 쓰이던 구식 휘발유 펌프를 가지고 뽑은 것이다. 이 유리관을 넓직한 금속판과 기름 점토로 이어붙여서 높이가 약 3.6m나 되는 정류관을 만든 것이다. 그리고 확산 펌프(Diffusion Pump)라고 부르는 발견한지 얼마 안 되는 진공 펌프가 여기에 장치되었음은 물론이다. 이 설비 전체의 비용은 당시 연구실의 표준으로 볼 때 대단히 많은 약 1,000 파운드였다. 방전관을 흐르는 전류는 약 10만 분의 1암페어였는데 이것으로 매초 50조 개의 양성자를 만들어 낼 수 있었다. 방사성물질로부터 나오는 선속에 비하면 놀라울 정도의 알맹이 수이다.

한 가지 여기서 덧붙이고 싶은 것은 이와 거의 같은 때에 미국에서는 로렌스(Ernest Orlando Lawrence, 1901~58)와 리빙스턴(Milton Stanley Livingstone, 1905~1986)이 사이클로트론(cyclotron)이라는 장치를 만들어 가지고 전압을 높여주는 대단히 슬기로운 방법을 개발했다. 사이클로트론은 후에 원자핵 실험에 널리 쓰이게 된 장치이다. 이 방법의 중요성이 인정되어 로렌스는 「사이클로트론의 발명과 발전에 대하여, 그리고 그것으로 얻은 성과, 특히 인공 방사성 원소에 관한 성과에 대하여」 1939년도 노벨 물리학상을 받았다. 코크로프트와 왈턴이 고속도의 원자핵 알맹이나 전자를 발생시키는 이러한 입자 가속 장치를 처음으로 만들어 낸 이후, 이러한 장치들이 급속도로 발전되어 왔음은 물론이며, 최초로 만든 장치가 이제 와서는 마치 정교한 장난감처럼 보이게 되었다. 그러나 가장 중요한 연구, 즉 오늘날의 이 꿈과 같은 업적으로까지 발전한 연구들이 모두 이 장치로 행해졌던 것이다.

코크로프트와 왈턴은 고속 양성자를 마치 빗발같이 리튬 표적에다 쏘아댔다. 이 반응에서는 α 알맹이가 생겨야 하는데 그들은 러더퍼드가 즐겨 쓰던 황화아연 스크린과 낮은 배율의 현미경을 써서 이것을 검출하고자 했다. 그렇게 그들은 곧 α 알맹이에 고유한 섬광을 관측하게 되었으며, 곧 러더퍼드를 불러다 이 작은 섬광을 보여 주었음은 물론이다. 이어서 그들은 얇은 리튬 표적을 입사선과 엇비슷하게 놓고 튀어나오는 알맹이를 서로 마주 앉아서 한쪽은 코크로프트가 관측하고 그 반대쪽은 왈턴이 관측했다. 그들은 두 개의 펜이 달린 기록기를 준비했는데, 펜마다 각자의 키로 작동하게 되어 있어서 키 하나는 코크로프트가 쥐고, 또 하나는 왈턴이 쥔 다음에 섬광을 볼 때마다 각자가 키를 누르기로 했다. 실험 결과 양쪽의 신호가 항상 동시에 나타났으므로 α 알맹이가 쌍으로 방출된다는 것을 알게 되었다.

이 연구로 분명해진 것은 질량이 7이고 전하가 3인 리튬 원자핵이 질량이 1이고 전하가 1인 양성자와 충돌하면 질량이 4이고 전하가 2인 α 알맹이 두 개가 된다는 것이다. 즉 4×2=7+1이고, 2×2=3+1이다. 또한 α 알맹이는 큰 에너지를 가지고 튀어나오는데 이 에너지는 입사되는 양성자 알맹이의 에너지보다도 크다. 이 사실은 극소량의 질량이 핵변환 과정에서 없어지기 때문이다. 리튬7의 질량은 정확하게 7이 아니며 수소의 질량도 정확하게 4가 아니다. 이 원소들의 원자량을 정확하게 측정한 것은 이미 앞에서 이야기한 바 있는 동위 원소왕 애스턴이다. 정확한 수치를 사용하면 소멸된 질량이 약 4분의 1퍼센트쯤 된다. 그런데 아인슈타인은 열과 일이 동등한 것과 마찬가지로 질량과 에너지도 동등하다는 것을 밝혀냈다. 1gm은 100만 마력으로 33시간 동안 일을 할 수 있는 에너지와 같다. 위의 반응에서 또한 α 알맹이의 에너지에서 양성자의 에너지를 제한 여분의 에너지는 바로 감소된 질량과 같다. 이것은 최근에 원자핵 반응으로 동력을 얻을 때 언제나 쓰게 되는 아인슈타인 관계식의 근사한 증명이었다. 물론 보통의 화학 반응에서는 측정될 정도의 질량 변화가 일어나지 않는다. 핵 반응에서만 상당한 질량이 에너지로 변환될 수 있는 것이다.

이와 같이 비교적 낮은 전압으로 원자핵을 파괴할 수 있다는 것이 판명되자 마커스 올리펀트(Marcus Oliphant, 1901~2000)와 러더퍼드는, 후에 킨지(B. B. Kinsey)도 참가하여 에너지는 더 높지 않지만 일정한 에너지를 가진 알맹이를 훨씬 더 많이 발생시킬 수 있는 장치를 만들기 시작했다. 이 장치는 양성자뿐만 아니라 중수소의 핵인 중양성자도 발생시킬 수 있는 것이다. 이 장치를 써서 그들은 대단히 흥미로운 다수의 원자핵 변환을 일으켰다. 오늘날에 와서는 원소의 인공 변환을 실험실에서 예사로 일으키고 있다.

코크로프트와 왈턴의 결과는 알맹이 계수법으로 얻은 것이었지만, 고속 알맹이를 연구하는 캐번디시의 또 하나의 뛰어난 연구 수단인 안개상자도 곧 이용되었다. 방사선 비적의 사진으로 비적의 길이와 방향을 알게 되어 초기 핵반응이 규명되었으며 그 외의 많은 반응이 연구되었다. 〈사진 12〉는 리튬을 양성자로 충격하는 코크로프트-왈턴 반응에서 고속 α 알맹이가 나오는 것을 디(P. I. Dee, 1904~1983)와 왈턴이 찍은 것이다. 비적이 네 개의 무리로 나누어진 것은 α 알맹이가 고진공 방전관에 달린 네 개의 얇은 운모편을 통해 안개상자 속으로 들어가기 때문이다.

∘ 페르미와 중성자에 의한 핵변환

1933년에 러더퍼드는 대단히 흥미로운 현상을 발견했다. 즉 방사성 동위 원소가 인공적으로 만들어진 것이다. 조리오 퀴리 부처는 붕소, 마그네슘, 알루미늄 등의 가벼운 원소를 α 알맹이로 충격하면 방사성 동위 원소가 생긴다는 것을 발견했다. 그중 어떤 것은 비교적 빨리 붕괴되면서 양전자를 내놓는다. 이것은 새로운 현상이었다. 그 직후 이탈리아 엔리코 페르미는 이 분야에서 세간의 이목을 집중시킨 발견을 했다. 페르미는 시카고(Chicago) 대학에서 원자 폭탄으로 발전한 원자로를 연구하여 그 이름이 세상에 널리 알려졌다. 페르미와 그의 협력자들은 그때 이탈리아에서 연구하고 있었는데 우선 안정한 원소에 중성자를 쪼여서 인공 방사성 원소를 만드는 것을 자세히 연구했다. 라돈과 베릴륨 분말을 작은 유리관 속에 봉해 넣은 것이 그들이 사용한 방사선원이었는데 방사되는 중성자의 수는 매초 약 수천만 개 정도로 얼마 되지 않았다. 그러나 중성자는 하전 알맹이의 경우와는 달리 원자핵에 의해서 반발되지 않으므로 도달 거리가 크고 또 원자핵 속으로도 쉽게 침입한다. 원자핵의 전하가 큰 중원소의 경우 α 알맹이는 강한 반발 때문에 핵반응을 일으킬 만큼 원자핵에 근접하지 못한다. 따라서 중성자가 이와 같이 쉽게 핵 내부로 침입할 수 있다는 것은 특히 중요한 의의를 갖는다.

중성자의 이러한 특징을 페르미가 증명한 것이다. 즉 그는 그의 협력자들과 함께 63종의 원소를 조사함으로써 방사성을 나타내는 37종의 새 원소를 만들어냈다. 그중에는 토륨과 우라늄으로부터 만든 것도 있는데 이것은 자연계에 존재하는 어떠한 원소보다도 무거운 것이었다. 이 원소들 역시 방사성인데 그 성질은 출발 물질과 같지 않다. 즉 천연의 토륨과 우라늄은 자발적으로 α 알맹이를 내놓는데, 이들과 중성자와의 반응으로 생긴 원소들은 β 알맹이, 즉 전자를 내놓는다. 그리고 페르미와 그의 협력자들에 의해서 더욱 놀라운 사실이 우연히 발견되었는데, 그것은 그 자신과 질량이 비슷한 양성자와 여러 번 충돌하여 속력이 감소된 중성자가 빠른 중성자보다 핵변환을 훨씬 더 잘 일으킨다는 사실이다. 양성자는 앞에서 지적한 바와 같이 파라핀 왁스 속에 수소 원자의 핵이 가득 들어 있다. 의학에 응용되리라는 생각으로 그들은 이 방법의 특허를 얻었다. 그들은 후에 핵에너지를 방출시켜 원자 폭탄으로 쓴다든가 또는 공업적으로 쓰게 되리라고는 전혀 생각하지 못했다. 시카고 대학 옛 축구장의 그 유명한 원자로에서 원자핵 반응으로 상당량의 열을 얻게 된 것은 러더퍼드가 작고하고 나서도 여러 해가 지난 다음의 일이다. 원자로가 처음으로 성공적인 가동을 시작한 1942년 12월 2일은 인류에 의한 자연 정복의 새 역사가 이루어진 날이며, 내연 기관의 발명과 마찬가지로 공업 발전의 무한한 가능성과 또 무한한 파괴의 위험성이 보이기 시작한 날이다. 그러나 이것은 별개의 이야기다.

이 연구에서 페르미와 협력한 것은 아말디(E. Amaldi, 1908 ~1989), 다고스티노(O. D'Agostino), 폰테코르보(B. Pontecorvo, 1913~1993), 라제티(F. Rasetti), 그리고 세그레(E. Segre, 1905~1989)였다. 러더퍼드는 페르미의 논문 두 편을 1934년과 1935년에 왕립학회의 《회보》(Proceedings)에 싣도록 주선해 주었는데 이를 통해 러더퍼드가 페르미의 연구에 얼마나 많은 관심을 가졌고 또 그들을 얼마만큼 뒷받침해 주었는가를 알 수 있다. 페르미의 연구는 그전에 이미 이탈리아어로 짤막하게 예보가 되었었지만, 그 결과가 소상하게 세상에 알려지게 된 것은 바로 이 두 편의 논문을 통해서였다. 이 두 번째 논문의 끝머리에서 59종의 원소에 대한 결과가 논의되었다. 새로운 원자량의 원소가 합성되고 이것이 다시 방사성 붕괴를 일으켜서 안정한 원소로 변환된다는 사실은 오늘날 당연한 일이 되고 말았다. 1938년에 페르미에게 노벨상이 수여되었고 바로 그 해에 무솔리니(Benito Mussolini)가 나치(Nazi)의 제도를 받아들이는 바람에 페르미 일가는 이탈리아를 떠나 미국으로 건너갔다. 페르미의 생애는 그가 죽은 후 그의 부인이 《원자 가족》(Atoms in the Family)이라는 책으로 엮어냈는데 매우 재미있고 유머가 넘쳐흐르게 썼다.

러더퍼드는 자연히 페르미의 초기 연구였던 느린 중성자에 의한 핵변환에 대단히 흥미를 가지고 있었다. 페르미가 그 대발견을 하기 2년 전에 이미 러더퍼드는 그의 강연에서 중성자는 그 특이한 성질 때문에 「원자 번호가 큰 원자핵에 가까이 접근할 수 있으며 경우에 따라서는 핵 속으로 뚫고 들어갈 수도 있을 것이다.」라고 단언했고 더 나아가서 「원소의 인공 변환에 관한 우리의 지식을 넓히는 데도 좋은 구실을 할 것이다.」라고 예상했다. 그는 죽음을 1년도 채 남기지 않은 1936년 11월 17일에 나에게 보낸 편지에서 그는 「채드윅이 중성자를 발견한지 미처 한 달도 되기 전에 캐번디시에서 페더는 안개상자 실험으로 중성자가 산소와 질소를 붕괴시키는 데 대단히 효과적이라는 사실을 알아냈다. 이 일은 또 미국의 하킨스(W. D. Harkins, 1873~1951)가 되풀이해 보았다. 페르미의 큰 공적은 조리오-퀴리의 발견에 이어서 중성자로 방사성물질이 합성되는가를 시험해 본 데 있다.」라고 말했다.

∘ 강연과 회의

1932년부터 1934년까지는 원자핵 과학이 놀라운 발전을 한 시대였다. 즉 이 기간 중에 중성자와 양성자가 발견되었고, 인공적으로 가속된 고에너지의 알맹이로 원자의 변환이 가능해졌다. 또 새로운 방사성 원자의 합성과 자연계의 어떠한 원자보다도 더 무거운 원자의 인공 합성이 이루어졌다. 원자핵의 파괴와 합성에 관한 과학은 벌써 활발한 소년기에 접어들었으며, 그 아버지라고 할 수 있는 러더퍼드는 자연히 캐번디시 연구소 내외의 모든 새로운 발전에 대해서 깊은 관심을 가지고 있었다. 그는 연구소 내의 연구에 대해서 의견을 말하거나 실험을 지도하는 것이 전처럼 활발하지 못했다. 틀림없이 그의 높은 명성과 지위 때문에 여러 가지 일에 많은 시간을 빼앗기기 때문이었을 것이다. 한 예로서 그는 앞에서 이미 이야기한 바와 같이 중요한 강연 의뢰를 자주 받았다. 이런 강연이란 대부분 원자핵 변환에 관한 것이었다. 그가 관심을 가지고 있는 이러한 문제에 대해서는 말솜씨가 특히 뛰어났다. 그는 처음에는 머뭇거리면서 같은 말을 되풀이하며 무엇인가 더듬어 나아가는 것 같은 때가 가끔 있었지만 일단 열이 오르고 정열이 쏟아지기 시작하면 분명하고 매혹적인 말들을 정열적으로 재치있게 술술 쏟아냈다. 그는 항상 평범한 말을 썼으며 원자핵에 관한 어려운 문제들을 쉽게 설명해 줄 수 있는 능력을 가졌다.

그가 행한 명사들을 기념하는 강연 중에는 다음과 같은 것들이 있다. 1933년에는 옥스퍼드에서 보일 강연(Boyle lecture)을 했고, 1934년에는 대화학자 멘델레예프(D. I. Mendeléeff, 1843~1907) 탄생 100주년 기념 멘델레예프 강연과 옛 집인 맨체스터에서 루드빅 몬드 강연(Ludwig Mond lecture)을 했다. 또 1935년에는 저명한 에이레 과학자이자 그의 친구였으며 또한 지질학에 있어서 지구 내의 방사성물질이 방출하는 열의 중요성을 처음으로 지적했던 졸리의 업적을 축하하는 일련의 졸리 기념 강연

(John Joly memorial lectures)을 더블린에서 했다. 끝으로 1936년에는 현대 증기 기관 발명자의 탄생 200주년을 맞이해서 그의 탄생지 스코틀랜드에서 제임즈 와트[28] 강연(James Watt lecture)과 화학회에서 패러데이[29] 강연(Faraday lecture)을 했다. 이 모든 강연에서 그는 방사능과 원자핵 변환에 관해서 그때마다 새로운 문제를 다루었는데, 항상 자기 업적을 선전함이 없이 비록 그 이름을 일일이 소개하지는 않았지만 다른 사람들의 연구 결과를 인용하면서 말했다. 그가 했던 이러한 종류의 마지막 강연은 1936년 말에 있었던 핸리 시지위크[30] 기념 강연(Henry Sidgwick memorial lecture)이었다. 이 강연은 앞에서 소개했던 『새로운 연금술』이라는 책의 기초가 되었다는 점에서 특기할 만하다. 이 책은 원자핵 변환에 관한 그의 만년의 연구 상황을 해설한 훌륭한 책이다.

그에게 과해진 또 하나의 일은 1934년에 왕립학회 주최로 런던에서 개최된 물리학 국제학회의(The Great Internationa Conference on Physics)와 관련된 것이었다. 이 회의에는 세계 각처로부터 저명한 물리학자가 많이 참석했다. 이 런던 회의와 함께 또 하나의 특별 회의가 러더퍼드의 초대로 케임브리지에서 열렸다. 이 회의가 국제적인 성격을 띠고 있었다는 것은 영어를 사용하는 절대다수의 청중들 앞에서 이 회의에 참석하지 못한 어느

28 1736~1819

29 마이클 패러데이(Michael Faraday, 1771~1867)

30 영국의 윤리학자, 1850~1943

독일인의 최근 연구를 이탈리아 사람이 프랑스어로 이야기했다는 사실로써 충분히 짐작할 수 있을 것이다. 원자핵 문제에 3일이 할당되었는데 러더퍼드는 그 개회 연설을 했다. 이 강연은 보어, 모즐리, 애스턴, 가이거 및 마스든 등의 연구는 물론 원소의 인공 변환 연구, 그중에서도 페르미의 최신 연구를 중점적으로 총괄한 초기 역사의 훌륭한 해설이었다. 이러한 종류의 강연으로 그가 마지막으로 한 것은 인도 과학회의(The Indian Science Congress)와 그가 회장인 영국 과학진흥협회가 공동으로 인도에서 개최하는 회의를 위한 것이었다. 그러나 그는 1938년 1월에 열린 이 회의를 보지 못하고 세상을 떠났기 때문에 러더퍼드의 회장 자리를 갑자기 물려받은 진즈 경(Sir James Hopwood Jeans, 1877~1946)이 그의 연설 원고를 대독했다. 이 연설은 용의주도하게 준비한 것으로, 그 전반부에서는 인도에 관한 문제, 예컨대 인도로서는 식료품 연구가 중요하다는 것 등을 강조했으며, 후반부에서는 그의 평소의 테마로 돌아가서 「원소 변환에 관한 오랜 숙제」라는 내용을 다룬 것이었다. 만일 러더퍼드 자신이 직접 이 강연을 했더라면 분명히 처음에는 원고를 들여다보면서 말했을 것이고, 비록 그 내용이 세련되어 있기는 했지만 감동을 줄 정도는 아니었을 것이다. 하지만 후반부에 이르러 현재 진행 중인 연구에 대한 이야기로 내용이 넘어가자 정열적이고도 유창한 어조로 돌변했을 것이고, 청중들은 이러한 돌변하는 태도를 충분히 느꼈을 것이라고 나는 확신한다.

러더퍼드가 이 이외에도 많은 강연 의뢰를 받았음은 물론이다. 예컨대 그는 매년 한 번씩 국립과학연구소에서 핵물리학의 최신 연구에 관한 강연을 했고 대개 실험까지도 해 보였다. 그는 또 많은 큰 연구소의 개소식을 주재했으며, 큰 공식 연회에서 건배의 축사를 하는 등 항상 그의 책임을 훌륭하게 수행했다.

러더퍼드는 그의 다정한 마음 때문에 학술후원회(The Academic Assistance Council)의 일에도 많이 관여했다. 1934년에 히틀러(Adolf Hitler)가 독일에서 절대적인 권력을 잡게 되자, 독일의 모든 대학과 연구소로부터 유대인을 비롯해 아리아인(Aryan) 이외의 피가 조금이라도 섞인 사람들을 모두 추방하기 시작했다. 그렇게 고명한 과학자를 포함한 상당수의 독일인 망명자들이 영국으로 건너왔다. 이러한 사람들의 대부분은 돈도 재산도 없었다. 1933년에는 이들의 구제 문제를 검토할 만 명 이상의 대집회가 소집되었는데 러더퍼드가 그 의장이 되었다. 러더퍼드가 사정을 설명하고 아인슈타인과 저명한 정치가 오스틴 체임벌린 경(Sir Austen Chamberlain, 1863~1973)이 이야기를 한 뒤에 새로 설립한 학술후원회에 대한 기금 모집이 시작되었다. 러더퍼드는 이 후원회의 회장이 되었으며, 또 다른 이들과 마찬가지로 나치의 행동에 대해서 강한 반감을 가졌다. 윌리엄 비버리지 경(Sir William Beveridge, 1879~1963)도 이 후원회에서 활약을 했는데 러더퍼드는 「독일에서 동료 과학자들 이 심한 취급을 당한 이야기를 듣고 몹시 화를 냈다.」라고 후에 기술했다. 그러나 러더퍼드는 공적으로 「우리는 저마다 정치적 생각을 달리 할 수는 있지만」이라고 하면서 중립적인 활동의 필요성을 강조했다. 이 후원회는 1935년 과학학술원호협회(Society for the Protection of Science and Learning)라고 명칭을 바꾸었다. 러더퍼드는 이 원호 협회를 위해서 크게 활동했으며 그의 명성과 강직성 때문에 이 협회는 훌륭한 성과를 거두었다. 1936년에 「독일에서는 최근에 와서 사태가 한층 더 악화되었다.」라고 그는 보고했다. 이 인도적인 사업에 그는 많은 노력을 기울였고 훌륭한 성과를 올렸다. 이 협회의 도움을 받은 많은 독일인 물리학자가 후에 영국 대학의 교수가 되었다.

그가 깊이 관여했던 또 하나의 중요한 활동은 정부가 기초 및 응용과학 연구를 장려하고 재정적인 뒷받침을 해주기 위해서 1915년에 설립한 과학기술성의 일이었다. 그 기능의 하나를 예로 들면 유망한 연구생에게 장학금을 주는 일이었다. 1930년에 러더퍼드는 그 자문위원회의 의장으로 임명되어 죽을 때까지 그 일을 맡았다. 그는 맡은 일을 경솔하게 처리하는 성격은 아니었으므로 이러한 일에도 매우 신중을 기했다. 그는 이 직책 때문에 공학 분야와도 접촉을 하게 되었고 새로운 시험소의 개소식 같은 데에서도 강연 의뢰를 받게 되었다. 그는 또 귀족이 되었기 때문에 상원의원이 되어 상원에 나가서 과학상의 문제, 예컨대 고무 공업에 연구 결과를 응용하는 문제 등에 관해서 가끔 이야기했다. 이러한 이야기들은 러더퍼드가 그의 만년에 연구실 밖에서의 일에 얼마나 분망했었는가를 보이기 위해 쓴 것에 불과하지만 맨체스터 시절에는 연구실을 비우는 일이 전혀 없었다. 그때는 물리학 이외의 것은 아무것도 생각할 필요가 없었는데, 이제는 그가 해야 할 것처럼 생각되는 새로운 일들이 연달아 일어나는 것이었다. 물론 그가 표면에 나서는 것을 싫어했던 것은 아니었지만 아무리 잘했다 하더라도 역시 연구에서 보인 것과 같은 정열적이고도 활기에 찬 지도력을 공공 활동에서까지 발휘할 수는 없었다.

◦ 마커스 올리펀트

러더퍼드의 만년에 연구를 도와준 사람은 올리펀트였다. 올리펀트는 1901년에 오스트레일리아의 애들레이드(Adelaide)에서 태어났는데 이 해에는 페르미와 사이클로트론으로 유명한 로렌스가 태어나기도 했다. 그는 1927년에 케임브리지로 건너갔다. 코크로프트와 왈턴의 선구적 연구가 있은 직후에 그가 러더퍼드와 공동으로 비교적 낮은 에너지의 알맹이를 대량으로 만들어 가지고 원자핵 파괴에 관한 눈부신 연구를 했다는 것은 이미 이야기했다. 러더퍼드, 올리펀트 및 하텍(P. Harteck)은 중수소의 원자핵, 즉 중양성자를 충격 알맹이로 썼고, 표적 물질로서는 중수소의 고체 화합물을 썼다. 고체 화합물을 쓴 이유는 작은 부피 속에 많은 원자가 들어 있기 때문이었다. 그리고 중수소는 물론 보통의 수소와 그 화학적 성질이 같다. 이와 같이 중양성자를 때려줌으로써 그들은 질량이 3인 새로운 수소의 동위 원소를 얻었다. 즉 질량이 2이고 전하가 1인 원자핵 두 개가 반응하여 질량이 3인 핵과 질량이 1인 보통 수소의 원자핵을 얻은 것이다. 질량이 3인 이 새로운 동위 원소는 3중 수소(tritium)라고 부르게 되었고 그 핵은 3중 양성자(triton)라고 부르게 되었다. 후에 이 3중 양성자는 불안정하여 방사성 붕괴를 일으키고 질량이 3인 헬륨의 동위 원소와 전자로 변한다는 것을 알게 되었다. 이와 같이 한 단위의 음전하가 상실되면 핵의 양전하가 한 단위 증가하며, 따라서 수소가 헬륨으로 변한다. 이러한 변환은 전하의 수와 질량수를 계산하면 쉽게 설명되지만 실제로 변화를 일으키게 하기는 매우 어려운 일이다.

올리펀트는 캐번디시 연구소에서 마지막 수년 동안 연구부 주임이라는 직책을 가지고 러더퍼드의 오른팔 노릇을 했는데, 러더퍼드가 죽을 때 마침 버밍엄(Bkmingham)의 물리학 교수로 가려던 참이었다. 1950년에 그는 오스트레일리아로 돌아가서 오스트레일리아 국립대학(The Australian National University)의 이과대학장이 되었다. 그곳에서 그는 양성자를 100억 볼트 정도의 에너지로 가속할 수 있는 거대한 시설을 설계하여 시공했다. 이것은 어떤 의미에서는 어떤 원자핵을 때리기 위해서 고속도의 원자핵을 사용하는 러더퍼드 방식의 계승이라고 할 수 있지만 사용하는 에너지는 α 알맹이의 경우보다 약 1,000배나 더 크다.

러더퍼드가 올리펀트 및 캠프턴(A. R. Kempton)과 공동으로 연구한 마지막 논문은 1935년에 왕립학회에서 발표한 것이었는데 양성자와 중양성자로 베릴륨과 붕소를 충격했을 때 일어나는 핵변화를 연구한 것이었다. 이와 같이 그는 그가 길을 터놓은 연구, 즉 가벼운 핵의 반응 연구에 끝까지 봉사했다. 예를 들면 디와 길버트(Gilbert)가 윌슨의 안개상자를 써서 질량이 11이고 전하가 5인 붕소 원자핵을 양성자로 공격하여 세 개의 α 알맹이가 나오는 것을 보았을 때는 정든 α 알맹이가 그것도 단 한 번의 충격으로 세 개씩이나 튀어나왔다고 대단히 기뻐했다. 이 경우에도 계산은 극히 간단했다. 즉 질량이 1단위이고 전하가 1단위인 양성자가 합쳐지면 전체 질량과 전체 전하는 각각 12와 6이 되어 질량이 4이고 전하가 2인 알맹이 세 개를 만드는 것이다.

◦ 뜻밖의 죽음

러더퍼드는 이와 같이 만년에도 손수 연구에 관여했다. 물론 맨체스터 시절이나 캐번디시 연구소의 초기처럼 활발하지는 못했다. 앞에서 인용한 바와 같이 「여보게 로빈슨 군, 일할 실험실이 없는 자는 참 불쌍하단 말이야.」라는 탄성을 나타냈을 정도로 연구실은 그가 가장 사랑하던 집이었다. 그런데 지금까지의 이야기로 알 수 있는 바와 같이 그는 오랫동안 과학과 무관한 것은 아니지만 그래도 실험실 밖에서의 일이라고 할 수 있는 일들에 점점 더 많이 관여하게 되었다. 그뿐만 아니라 그의 놀라운 선천적인 기력과 체력에도 불구하고 그는 차차 피로를 느끼는 것 같았다. 그는 〈주말 별장〉이라는 시골 오두막집을 세워 놓고 70세가 되는 1941년에는 은퇴하겠다는 말을 했다. 1934년 말에 저명한 수학자이며 그의 맨체스터 시절의 옛 벗이었던 호레이스 램(Horace Lamb, 1849~1934)이 죽었을 때 그는 「램은 노후를 멋있게 보낸 소수의 사람들 중의 하나이다. 많은 사람은 손자의 재롱이나 보고 있어야 할 나이에도 권력에 연연하거나 매달리려고 한다.」라고 썼었다. 따라서 분명히 그는 점차적으로 일을 덜어 후계자에게 넘길 심산이었다. 그런데 실지로는 뜻대로 되지 못했던 것이다.

그의 최후는 너무나 뜻밖이었다. 러더퍼드는 66세 생일에 가이거가 축하장을 보낸 데 대하여 상쾌한 마음으로 회답을 쓰면서 인도 여행을 떠나기 전에 한 달쯤 편히 쉬겠다는 뜻을 밝혔다. 그리고 그로부터 한 달 후에는 시골 오두막집으로부터 맥길 시절의 옛 벗인 이브에게 편지를 보냈는데 방사성물질과 사이클로트론에 관해서 몇 마디 쓰고 이어서 「검은 딸기 숲을 쳐 없앴더니 한결 보기가 좋아졌다.」라고 써 보냈다. 이것으로 미루어 보아 대단히 건강했던 것 같다. 그의 죽음은 이와 비슷한 정원일, 즉 케임브리지에 있는 집의 정원을 손질한 것이 원인이 되었다. 그는 나뭇가지를 잘라내려다 불행하게도 떨어져서 복부를 다쳤다. 그러나 처음에는 별로 대수롭지 않게 보였다. 그래서 그의 부인은 안마사를 불러다 안마 치료를 해 주었으나 다음 날 용태가 대단히 악화되어 의사를 부르게 되었다. 그는 자그마한 병원으로 옮겨져 그곳에서 유명한 외과 의사의 수술을 받고, 일시 용태가 좋아지는 듯했다. 그런데 애석하게도 그다음 날에는 병상이 갑자기 악화되어 그저 고통이나 덜어주는 것 외에는 달리 손을 쓸 수가 없게 되었다. 그가 부인에게 남긴 유언 속에는 "넬슨 대학에 100파운드를 기증하고 싶소. 당신이 알아서 처리해 주시오."라는 말이 들어 있다. 그가 몹시 사랑하던 모교가 임종 시에 마음에 걸렸던 것이다. 통증이 나타나기 시작 한지 6일 만인 10월 19일에 그는 눈을 감았다. 그처럼 비만한 사람에게는 그가 받은 것과 같은 내장 장애가 마른 사람의 경우보다 훨씬 더 어려웠던 것 같다.

위대하고 자애로운 지도자의 전혀 뜻하지 않았던 갑작스러운 죽음은 많은 사람들에게 슬픔을 자아내게 했음은 물론이다. 과학계의 모든 사람이 그의 죽음을 애도했음은 물론 신문에서도 크게 취급하여 나라 전체가 그의 죽음을 애석해했다. 그 증거로서 그를 웨스트민스터 사원(Westminster Abbey)에 묻어 주자는 프랭크 스미스 경의 제안이 곧 승인되었다. 이 사원은 영국 최고의 사원으로서 이곳에서 역대 국왕의 대관식이 거행되고, 왕실의 결혼식이 거행되며, 또 1760년까지 많은 국왕과 여왕이 이곳에 묻혔다. 영국 최고의 인사들 또한 이곳에 묻혀 있다. 예를 들면 새뮤얼 존슨(Samuel Johnson, 1709~84)이나 매콜리(Thomas Babington Macaulay, 1800~59)와 같은 작가가 이곳에 묻혔으며, 초서로부터 테니슨(Alfred Tennyson, 1850~92)에 이르는 시인들의 묘소가 시인 구역이라고 부르는 이곳 한 모퉁이에 있다. 아이작 뉴턴, 존 허셸(John Herschel, 1792~1871), 다윈, 켈빈 경 등 대과학자의 묘도 이곳에 있다. 따라서 웨스트민스터 사원에 묻힌다는 것은 최고의 국민적 경의의 표시인 것이다. 러더퍼드의 유골은 만장의 명사들이 지켜보는 가운데 뉴턴 바로 옆자리에 묻혔다.

∘ 원자핵 과학의 아버지

러더퍼드는 확실히 과학사에 있어 최고 인물 중 하나이다. 우리가 오늘날 알고 있는 원자의 개념에 의하면 원자는 안정하기는커녕 경우에 따라서는 자연적으로 또는 그가 처음 고안한 방법으로 들렀을 때 본질적인 변화를 일으킬 수 있다. 이러한 원자의 개념이 바로 그에게서 나온 것이다. 그와 작별하는 이 시점에서 그의 특출한 성격을 몇 가지만 간단히 이야기해 보겠다.

그는 본래 실험가였으며, 머릿속에 분명하게 떠오르지 않는 개념의 이론은 어떤 것이나 좀처럼 믿으려 하지 않았다. 그와 사이가 좋았던 α 알맹이나 기타 알맹이들은 그에게 있어서 야구 선수들이 공을 대하는 것처럼 현실적인 것이었다. 마치 익숙한 구경꾼이 지난 시합을 머릿속에 그려보듯이 그는 이 알맹이들이 날고 충돌하고 하는 모습을 또렷하게 마음속으로 볼 수 있었다. 대천문학자이자 이론가였던 애딩턴 경이 식후에 물리학의 본질을 논하는 자리에서 전자는 아마도 정신적인 개념의 대상이지 실존하는 것은 아닐 것이라고 말했을 때의 일이 생각난다. 그때 러더퍼드는 벌떡 일어서더니 탁자 위의 수저를 가리키면서 "존재하지 않는다고? 존재하지 않다니? 내 앞에 놓여 있는 수저처럼 분명하게 보이지 않느냐 말이오."라고 큰소리로 외쳤다. 그때의 러더퍼드는 마치 "네가 내 애인을 모욕해?"라면서 대드는 남자와 같은 험악한 인상이었다. 상대성 이론과 같은 난해한 개념은 그에게 별로 흥미가 없었다. 아인슈타인이 이 이론을 발표한 지 수년 후인 1910년에 독일의 저명한 물리학자 빌리 빈(Willy Wien, 1864~1928)이 러더퍼드에게 "그렇지만, 앵글로 색슨(Anglo-Saxon)에게는 상대성 이론이 이해되지 않을 거야"라고 말했을 때 그는 웃으면서 "안 되지, 그들은 지나치게 감각이 풍부한걸" 하고 대답했다는 기록이 있다. 1925년 이후 점차 성공을 거두었던 파동 역학의 이론에 대해서는 1934년에 「파동 역학의 이론은 대단히 기괴하게 보이며 또 어떤 점에서는 실제로 그러한데, 잘 들어맞는다는 놀라운 장점을 가지고 있다. ……」라고 말하면서 이론의 승리를 인색하게나마 받아들였다. 그는 항상 이론가에게 농담으로 거짓 반항을 보였는데, 이 사실은 남아프리카에서 연설 제목으로 「현대 물리학의 동향」을 택하면 어떻겠느냐는 조언에 대해서 그가 답한 것을 보면 잘 알 수 있다. 그는 여기에 대해서 「현대 물리학 동향이라고? 나는 그런 논문은 쓰지 못해. 거기에 대해서는 2분 이상 말할 것이 없는걸. 내가 말할 수 있는 것은 이론 물리학자들이 우쭐하고 있지만 이제 우리 실험가들이 그들을 다시 끌어내려야 할 때가 왔다라는 것뿐이야.」라고 대답했던 것이다. 아마 그는 파동 역학의 발전을 마음에 두고 이런 말을 했을 것이다. 그의 벗이었던 이브가 파동 역학의 발전에 관해서 말한 바에 의하면 그는 이러한 결과들에 대해서 흥미가 없었지만 자기가 흥미를 갖는 연구에 도움이 되는 결론이면 어떤 것이든 항상 인용해서 썼다고 한다. 그는 농담조로 이론가를 가리키며 「그들은 기호와 씨름을 하고 있지만, 우리 캐번디시 연구소 사람들은 자연의 참된 확고한 진리를 추구하고 있다.」라고 말했다. 지금까지 그의 말을 많이 인용한 이유는 독특한 그의 태도와 표현 방법을 잘 나타내기 위해서였다. 거칠고 큰 목소리를 가지고 반 진담으로 미소를 섞어가면서 이러한 말을 하는 모습을 독자들이 상상한다면 그의 인품이 어떠했는가를 쉽게 짐작할 수 있을 것이다.

러더퍼드가 뛰어난 과학적 예언자였다는 것은 수소와 헬륨의 동위 원소와 중성자의 존재를 예언했다는 것으로도 능히 알 수 있다. 러더퍼드가 그의 연구의 결론으로서 원자 폭탄이나 핵에너지의 대량 방출과 같은 것을 예상했는지의 여부를 궁금해하는 사람들이 있다. 그가 죽기 전 해인 1936

년에 한 강연에서 그는 원자핵변환으로 공업적 규모의 에너지를 얻을 가능성(그는 폭탄에 대해서는 생각한 바도 없었던 것 같고 또 언급한 바도 없었다)에 대해서 다음과 같은 말을 했다. 즉 「반응의 평균 효율은 충격 알맹이의 에너지가 커질수록 증가하지만, 이러한 방법으로 원자에서 실용할 만한 에너지를 얻을 가망은 거의 없는 것 같다. 여기에 반해서 최근에는 중성자가 발견되고, 이 중성자는 극히 낮은 속도로도 핵변환을 일으키는 효율이 몹시 크다는 사실이 밝혀졌으므로 만일 적은 에너지를 가지고 대량의 느린 중성자를 만드는 방법이 발견되면 새로운 가능성이 나타날 것이다. 그러나 현 단계로서는 자연 방사성물질만이 원자핵으로부터 에너지를 얻는 원료이다. 이것은 그 양이 너무 적기 때문에 공업용이 될 수 없다.」라고 말했던 것이다. 그다음 해에 나온『새로운 연금술』이라는 책에서도 대체로 비슷한 말을 했고, 「원자핵의 인공 변환으로 실용적인 에너지를 얻을 가망성은 별로 없는 것 같다.」라고 덧붙였다. 과연 러더퍼드답게 대량의 중성자를 만들어야 한다는 요점을 끄집어냈는데, 그도 설마 가까운 장래에 원자 에너지가 대규모로 방출되리라고는 생각을 못했다. 우라늄이 분열되면서 대량의 중성자를 내놓는다는 것을 알게 된 것은 이보다 불과 2년 후의 일이며, 맥길 시절의 제자였던 한에 의해서였다. 이 발견이 페르미의 연구와 결합되어 그 후 수 년 사이에 원자 폭탄으로 발전된 것이다. 그의 원자핵에 관한 연구가 어떻게 이처럼 놀라운 결과를 낳게 되었는가를 따지기에 앞서 이 무렵에 그가 한 말을 또 한 귀절 인용하는 것이 적합할 것이다. 「아무리 상상력이 풍부한 과학자라도 특별한 경우를 제외하면 어떤 발견의 결과를 예상하기가 어려우리라고 나는 생각한다.」

러더퍼드가 지녔던 천부적 소질은 어떤 실험이 중요하고 어떤 것이 대수롭지 않다는 것을 직감적으로 판단할 수 있었다는 것이다. 과학상의 중요한 발견은 결론을 하나씩 차례로 냉정하게 더듬어 나가서, 즉 엄밀한 논리적 사고의 단계를 거쳐서 얻어지는 것이라고 대부분의 사람들은 생각하는 것 같다. 그러나 많은 발견은 오히려 우연한 관찰에서 이루어진 것이며, 오랫동안 골몰한 끝에 일종의 직관에 의해서 그것이 중요하다는 것을 알게 된 것에 불과하다. 독일의 유명한 프리드리히 빌헬름 콜라우쉬(Friedrich Wilhelm Kohlrausch, 1840~1910) 교수는 패러데이에 관해서 「그는 진리를 냄새로 맡아낸다.」라고 말했는데 러더퍼드에게도 이러한 말을 할 수 있을 것이다. 서너 개의 α 알맹이가 의외의 큰 각도로 산란되는 것을 대수롭지 않게 생각할 수도 있었을 것이고 또 우연한 방사성 오염 때문이라고 보아 넘길 수도 있었을 것이다. 어쨌든 α 알맹이의 산란을 그렇게 끝까지 추구할 정도로 중요하다고는 생각하지 않을 수도 있었을 것이다. 그런데 러더퍼드는 대각도의 산란이 대단히 중요하다는 것을 알았으며 이 문제를 항상 염두에 두었기 때문에 원자의 핵 구조를 생각해 냈던 것이다.

아이작 뉴턴은 "어떻게 그 발견을 했느냐?"라는 질문에 대해서 "항상 그것을 생각하고 있었다."라고 말했으며 또 어떤 때는 "나는 항상 그 문제를 눈앞에 놓고 조금씩 동이 트다가 마침내 완전히 밝아질 때까지 기다렸다."라고도 말했다. 러더퍼드는 성격이나 인품이 뉴턴과는 전혀 달랐지만 그래도 똑같은 말을 할 수 있을 것이다(이와 관련해서 한 마디 해석을 붙인다면, 오늘날 연구에 종사하는 교수들 중에서 이러한 말을 할 수 있는 사람이 과연 얼마나 될지 이것이 바로 문제점인 것이다. 행정가들은 이것을 알고 있다). 원소의 인공변환은 그가 항상 눈앞에 놓고 있던 문제였다. 나는 그가 1914년에 여기에 언급한 것으로 기억하는데 그가 최초로 원소의 변환에 성공한 것은 이미 이야기한 바와 같이 이보다 훨씬 뒤인 1919년의 일이다.

그는 여러 번 이야기한 바와 같이 몸집이 크고 건장했으며 독특한 목소리를 가지고 있었다. 한번은 그의 벗이 영국의 케임브리지로부터 미국의 하버드로 무선 전화를 걸겠다는 이야기를 듣고 "무엇 때문에 무선을 쓰지?"라고 물어본 적이 있었다. 그의 용모는 마치 성공한 농부와 같은 데가 있었다. 다만 이상한 매력을 지닌 날카로운 눈초리와 넓은 이마만이 달랐을 뿐이었다. 1934년에 캐번디시 연구소를 배경으로 놓고 평소 차림으로 찍은 사진이 〈사진 11〉에 나와 있는데 만년의 모습을 잘 나타내고 있다. 그에게는 꾸밈새가 전혀 없었고, 아무런 자아 의식이나 겉치레가 없었다. 그는 천성이 친절했으나 노골적이고 항상 기분이 좋았던 것은 아니었다. 기분이 나쁠 때는 화도 잘 냈고 마치 갑자기 폭풍이 휘몰아칠 것 같았다. 보어가 생생하게 회고했듯이 그의 연구소에 있던 사람들은 그가 아침에 연구소로 나오면 갑자기 화가 난 것 같은 느낌을 받는 날이 많았지만, 때로는 먹구름이 뒤덮인 것과 같은 느낌을 받을 때도 있었다. 그러나 그의 화는 오래 가지 않았으며, 또 그의 화풀이를 당한 사람이 대꾸를 하면 웃는 낯으로 바뀌는 수가 많았다. 그는 너무 솔직했기 때문에 그때그때의 감정을 숨기지 못하고 나타낸 것이다. 그는 참으로 솔직하고 정직했으며 어쩌다 언짢은 일을 당한 사람도 그를 미워하지 않았다. 아무에게나 다 이런 말을 할 수 있는 것은 아니지만, 그는 참으로 에누리 없이 전혀 적을 갖지 않았다고 말할 수 있다. 그는 밑의 사람들을 격려하는 동시에 그들로부터 사랑을 받는 신비한 힘을 지닌 위대한 지도자였다.

듬직한 소박함과 겉치레가 없는 위대함이 바로 이 사람의 특징이었으며, 인류의 운명이 영속하는 한 그의 이름도 영속할 것이다. 시인 호레이스〔Horace, 호라티우스 플라쿠스(Horatius Flaccus), B. C. 65~8〕는 자기의 서정시를 가리켜서 「나는 동상 못지 않은 기념탑을 세웠다(Exegi monumentum aere perennius)」라고 쓴 바 있다. 러더퍼드 역시 자기의 연구를 가리켜 같은 말을 할 수 있었으리라고 믿는다.

도서목록
- 현대과학신서 -

도서목록
- BLUE BACKS -

1. 광합성의 세계
2. 원자핵의 세계
3. 맥스웰의 도깨비
4. 원소란 무엇인가
5. 4차원의 세계
6. 우주란 무엇인가
7. 지구란 무엇인가
8. 새로운 생물학(품절)
9. 마이컴의 제작법(절판)
10. 과학사의 새로운 관점
11. 생명의 물리학(품절)
12. 인류가 나타난 날 I (품절)
13. 인류가 나타난 날 II(품절)
14. 잠이란 무엇인가
15. 양자역학의 세계
16. 생명합성에의 길(품절)
17. 상대론적 우주론
18. 신체의 소사전
19. 생명의 탄생(품절)
20. 인간 영양학(절판)
21. 식물의 병(절판)
22. 물성물리학의 세계
23. 물리학의 재발견〈상〉
24. 생명을 만드는 물질
25. 물이란 무엇인가(품절)
26. 촉매란 무엇인가(품절)
27. 기계의 재발견
28. 공간학에의 초대(품절)
29. 행성과 생명(품절)
30. 구급의학 입문(절판)
31. 물리학의 재발견〈하〉
32. 열 번째 행성
33. 수의 장난감상자
34. 전파기술에의 초대
35. 유전독물
36. 인터페론이란 무엇인가
37. 쿼크
38. 전파기술입문
39. 유전자에 관한 50가지 기초지식
40. 4차원 문답
41. 과학적 트레이닝(절판)
42. 소립자론의 세계
43. 쉬운 역학 교실(품절)
44. 전자기파란 무엇인가
45. 초광속입자 타키온
46. 파인 세라믹스
47. 아인슈타인의 생애
48. 식물의 섹스
49. 바이오 테크놀러지
50. 새로운 화학
51. 나는 전자이다
52. 분자생물학 입문
53. 유전자가 말하는 생명의 모습
54. 분체의 과학(품절)
55. 섹스 사이언스
56. 교실에서 못 배우는 식물이야기(품절)
57. 화학이 좋아지는 책
58. 유기화학이 좋아지는 책
59. 노화는 왜 일어나는가
60. 리더십의 과학(절판)
61. DNA학 입문
62. 아몰퍼스
63. 안테나의 과학
64. 방정식의 이해와 해법

65. 단백질이란 무엇인가
66. 자석의 ABC
67. 물리학의 ABC
68. 천체관측 가이드(품절)
69. 노벨상으로 말하는 20세기 물리학
70. 지능이란 무엇인가
71. 과학자와 기독교(품절)
72. 알기 쉬운 양자론
73. 전자기학의 ABC
74. 세포의 사회(품절)
75. 산수 100가지 난문・기문
76. 반물질의 세계
77. 생체막이란 무엇인가(품절)
78. 빛으로 말하는 현대물리학
79. 소사전・미생물의 수첩(품절)
80. 새로운 유기화학(품절)
81. 중성자 물리의 세계
82. 초고진공이 여는 세계
83. 프랑스 혁명과 수학자들
84. 초전도란 무엇인가
85. 괴담의 과학(품절)
86. 전파는 위험하지 않은가
87. 과학자는 왜 선취권을 노리는가?
88. 플라스마의 세계
89. 머리가 좋아지는 영양학
90. 수학 질문 상자
91. 컴퓨터 그래픽의 세계
92. 퍼스컴 통계학 입문
93. OS/2로의 초대
94. 분리의 과학
95. 바다 야채
96. 잃어버린 세계・과학의 여행
97. 식물 바이오 테크놀러지
98. 새로운 양자생물학(품절)
99. 꿈의 신소재・기능성 고분자
100. 바이오 테크놀러지 용어사전
101. Quick C 첫걸음
102. 지식공학 입문
103. 퍼스컴으로 즐기는 수학
104. PC통신 입문
105. RNA 이야기
106. 인공지능의 ABC
107. 진화론이 변하고 있다
108. 지구의 수호신・성층권 오존
109. MS-Window란 무엇인가
110. 오답으로부터 배운다
111. PC C언어 입문
112. 시간의 불가사의
113. 뇌사란 무엇인가?
114. 세라믹 센서
115. PC LAN은 무엇인가?
116. 생물물리의 최전선
117. 사람은 방사선에 왜 약한가?
118. 신기한 화학 매직
119. 모터를 알기 쉽게 배운다
120. 상대론의 ABC
121. 수학기피증의 진찰실
122. 방사능을 생각한다
123. 조리요령의 과학
124. 앞을 내다보는 통계학
125. 원주율 π의 불가사의
126. 마취의 과학
127. 양자우주를 엿보다
128. 카오스와 프랙털
129. 뇌 100가지 새로운 지식
130. 만화수학 소사전
131. 화학사 상식을 다시보다
132. 17억 년 전의 원자로
133. 다리의 모든 것
134. 식물의 생명상
135. 수학 아직 이러한 것을 모른다
136. 우리 주변의 화학물질
137. 교실에서 가르쳐주지 않는 지구이야기
138. 죽음을 초월하는 마음의 과학

139. 화학 재치문답
140. 공룡은 어떤 생물이었나
141. 시세를 연구한다
142. 스트레스와 면역
143. 나는 효소이다
144. 이기적인 유전자란 무엇인가
145. 인재는 불량사원에서 찾아라
146. 기능성 식품의 경이
147. 바이오 식품의 경이
148. 몸 속의 원소 여행
149. 궁극의 가속기 SSC와 21세기 물리학
150. 지구환경의 참과 거짓
151. 중성미자 천문학
152. 제2의 지구란 있는가
153. 아이는 이처럼 지쳐 있다
154. 중국의학에서 본 병 아닌 병
155. 화학이 만든 놀라운 기능재료
156. 수학 퍼즐 랜드
157. PC로 도전하는 원주율
158. 대인 관계의 심리학
159. PC로 즐기는 물리 시뮬레이션
160. 대인관계의 심리학
161. 화학반응은 왜 일어나는가
162. 한방의 과학
163. 초능력과 기의 수수께끼에 도전한다
164. 과학 · 재미있는 질문 상자
165. 컴퓨터 바이러스
166. 산수 100가지 난문 · 기문 3
167. 속산 100의 테크닉
168. 에너지로 말하는 현대 물리학
169. 전철 안에서도 할 수 있는 정보처리
170. 슈퍼파워 효소의 경이
171. 화학 오답집
172. 태양전지를 익숙하게 다룬다
173. 무리수의 불가사의
174. 과일의 박물학
175. 응용초전도
176. 무한의 불가사의
177. 전기란 무엇인가
178. 0의 불가사의
179. 솔리톤이란 무엇인가?
180. 여자의 뇌 · 남자의 뇌
181. 심장병을 예방하자